Das inflationäre Universum

meinem Sohn Christoph

Das inflationäre Universum
Über Probleme der Urknalltheorie

von

Dipl.-Math. Klaus Becker

Herstellung und Verlag:
BoD - Books on Demand, Norderstedt
ISBN 978-3-7357-9266-2

Inhalt

VORWORT 7

1 Ein paar grundsätzliche Erkenntnisse 11
   1.1   Die Urknallsingularität 11
   1.2   Das kosmologische Prinzip 12
   1.3   Das Hubble-Gesetz 13
   1.4   Die kosmische Skalenfunktion 15
   1.5   Die baryonische Materie 19
   1.6   Der kosmische Strahlungshintergrund 20
   1.7   Die Dunkle Materie 22
   1.8   Die dunkle Energie 31
   1.9   Das unbekannte Universum 33

2 Die kosmologischen Gleichungen 37

3 Friedmann-Modelle des Universums 47
   3.1   Das Universum als Raumzeit 48
   3.2   Die Hubble-Zeit 49
   3.3   Der Hubble-Radius 50
   3.4   Die kritische Dichte 50
   3.5   Die Dichteparameter 52
   3.6   Energiedichte und Skalenparameter 55
   3.7   Die Zustandsgleichungen 56
   3.8   Die Friedmann-Gleichung mit Dichteparametern 60
   3.9   Die Rotverschiebung 62
   3.10 Friedmann-Modelle 64
   3.11 Das Referenzmodell 65
   3.12 Das Einstein de Sitter-Modell 69

4 Die Hintergrundstrahlung 75
   4.1   Eigenschaften der Hintergrundstrahlung 75
   4.2   Die Entstehung der Hintergrundstrahlung 78

4.3	Die Skala der Rekombinationsepoche	81
4.4	Die Epoche der Rekombination	82
4.5	Die Entwicklung der Dichteparameter	83

5 Das sichtbare Universum 91
- 5.1 Elemente des sichtbaren Universums 92
- 5.2 Weltlinie und Vergangenheitslichtkegel 95
- 5.3 Der Partikelhorizont 102

6 Die Inflationstheorie 107
- 6.1 Probleme der Urknalltheorie 108
- 6.2 Grundzüge der Inflationstheorie 118
- 6.3 Die kosmische Inflation in Zahlen 124
- 6.4 Die Lösung der Urknallprobleme 132
- 6.5 Die Inflation als Ergänzung des Urknalls 141

7 Ausblicke 153

Anhang 159
- A Physikalische Gesetze 159
- B Maßeinheiten und Konstanten 165
- C Das Standardmodell der Elementarteilchen 168
- D Die vier Grundkräfte der Natur 178
- E Die großen vereinheitlichten Theorien 181

LITERATURVERZEICHNIS 183

VORWORT

Die in den 1930er Jahren entwickelte Urknalltheorie erfuhr erst durch den Nachweis des vorhergesagten kosmischen Mikrowellenhintergrundes im Jahre 1965 eine breite Anerkennung. In der Folge wurden dann aber Probleme entdeckt, die ihr ziemlich zuschaffen machten. Bestimmte Beobachtungen waren mit der Theorie nicht in Übereinstimmung zu bringen. So konnte die Gleichförmigkeit der kosmischen Hintergrundstrahlung im Rahmen des Urknallmodells nicht erklärt werden. Nach der Urknalltheorie hätte sich die Gleichförmigkeit nicht so herausbilden können, wie sie sich nachweislich herausgebildet hat. Außerdem gab die beobachtete Flachheit des Universums den Kosmologen lange Zeit Rätsel auf. Die Flachheit des Universums hätte der Theorie folgend von Anfang an auf unvorstellbar viele Nachkommastellen genau festgelegt sein müssen. Nur geringe Abweichungen davon hätten ein Universum entstehen lassen, das völlig anders gewesen wäre, als das, das wir beobachten. Ende der 1970er Jahre entwickelte der US-amerikanische Kosmologe Alan Guth eine Theorie, mit der die Probleme der Urknalltheorie gelöst werden konnten. Allerdings hatte er ursprünglich eher ein drittes Problem im Fokus, das Problem nämlich, dass sich magnetische Monopole, die den physikalischen Theorien folgend in der Frühzeit des Universums entstanden waren, nicht nachweisen lassen, obgleich sie beobachtbar sein sollten. Die Lösung Guths bestand in einer, wenn man so will, Erweiterung der Theorie, die sich mit dem Verhalten des Universums unmittelbar nach dem Urknall beschäftigte. 10^{-36}s nach dem Urknall soll sich das Universum nach Guths Theorie in extrem kurzer Zeit extrem weit aufgebläht haben. Dieses Verhalten gab der Theorie ihren Namen Inflationstheorie (im Englischen to inflate für aufblähen, aufblasen). Nicht lange nach Guths Entdeckung wurde die Theorie erneuert und damit einige „technische" Probleme des ursprünglichen Entwurfs beseitigt[5]. Die „Neue Inflation" wurde von Andrei Linde, Paul Steinhardt und Andreas Albrecht Anfang der 1980er Jahre postuliert. In der Folge entwickelte sich die Inflationstheorie zu einem kosmologischen Prinzip, auf dem letztlich auch die Vorstellung über die Existenz eines

Multiversums basiert. Physikalisch wird die inflationäre Expansion auf die Unterkühlung eines Energiefeldes zurückgeführt, das die Eigenschaften eines sogenannten Higgs-Feldes besitzt. Zur Differenzierung anderer Higgs-Felder wird es häufig auch als Inflaton-Feld bezeichnet. Während sich das Universum weiter „normal" ausdehnte und abkühlte, blieb das Inflaton-Feld auf einem Energieniveau „hängen", das höher war als die Energiedichte, die der Temperatur des abgekühlten Universums entsprach. Das Verlassen dieses Energieniveaus erfolgte verzögert, vergleichbar mit der Situation von hochreinem Wasser, das unter den Gefrierpunkt abgekühlt wird, ohne dass es zunächst zur Eisbildung kommt. Das quasi auf einem Energieplateau gefangene Energiefeld verfügte über ziemlich befremdlich anmutende Eigenschaften. Es blieb, wenn auch nur sehr kurze Zeit und trotz weiter fortschreitender Expansion, konstant. Es erzeugte im System Universum einen negativen und konstanten Druck, der zu einer abstoßenden Gravitationskraft führte und das Universum in extrem kurzer Zeit extrem weit auseinander trieb. Nachdem das Energiefeld das Energieplateau verlassen und den sogenannten Vakuumzustand erreicht hatte, übernahm es die Rolle des heutigen „Higgs-Ozeans"[5], der den Elementarteilchen zu ihrer Masse verhalf und verhilft. Das das Higgs-Feld konstituierende Higgs-Teilchen wurde inzwischen am CERN in Genf nachgewiesen. Es ist allerdings noch nicht ausgemacht, welches der vielen postulierten Higgs-Teilchen genau beobachtet wurde. Unabhängig davon ist diese Geschichte der Inflation ziemlich verrückt. Wir werden diese verrückte Geschichte, vorrangig ihre Konsequenzen, im Rahmen der vorliegenden Arbeit verständlich darstellen, wenn wir auch nicht ohne Mathematik auskommen. Glücklicherweise können wir uns dabei auf Kenntnisse der Schulmathematik beschränken, sodass auch in der Mathematik weniger geübte, die Geheimnisse der Kosmologie kennenlernen können. Es ist immerhin die Wissenschaft, die sich mit Fragen nach der Entstehung und Entwicklung des Universums beschäftig und damit letztlich auch Fragen nach unserer eigenen Existenz berührt, obgleich diese dem inflationären Universum mit Sicherheit ziemlich gleichgültig war und ist.

Um bis zum Verständnis der Probleme, die mit der klassischen Urknalltheorie verbunden sind, vorzudringen, bedarf es allerdings ein wenig Geduld. Das soll heißen, die Leserin, der Leser müssen notgedrungen ein paar vorbereitende Kapitel durcharbeiten und über sich ergehen lassen, bis sie schließlich im Kapitel 6 auf das eigentliche Thema stoßen.

Im ersten Kapitel der vorliegenden Arbeit beschäftigen wir uns mit ein paar wenigen grundlegenden Erkenntnissen über unser Universum. Diese sollten uns den Einstieg in das eigentliche Thema erleichtern. Im 2. Kapitel stellen wir die kosmologischen Gleichungen vor. Sie sind Lösungen der einsteinschen Feldgleichungen und wurden in den 1920er Jahren zum ersten Mal von Friedmann aus den Feldgleichungen der allgemeinen Relativitätstheorie abgeleitet. Wir leiten die Gleichungen auf der Grundlage der newtonschen Physik her und ersparen uns damit, in die Welt der Relativitätstheorie einsteigen zu müssen. Im Kapitel 3 widmen wir uns den aus den Gleichungen abgeleiteten Modellen des Universums. Wir beschäftigen uns mit dem Referenzmodell, das auch als Standardmodell der Kosmologie gilt und dem Einstein de Sitter-Modell. Das Einstein de Sitter-Modell dient uns als Erklärungsmodell, das wir vorrangig im Zusammenhang mit den Erläuterungen der Inflationstheorie einsetzen. Es ist deshalb dafür gut geeignet, weil die von ihm vorhergesagten Ergebnisse als geschlossene mathematische Ausdrücke vorliegen. Diese Tatsache erleichtert das Verständnis der Probleme der Urknalltheorie und deren Lösung durch die Inflationstheorie, zumal es auf Genauigkeit im Sinne von Zahlengenauigkeit in diesem Kontext nicht ankommt. Im Kapitel 5 beschäftigen wir uns dann mit ein paar wenigen Aspekten zum beobachtbaren Universum, die wir für das Verständnis der Inflation benötigen. Das Kapitel 6 schließlich behandelt das eigentliche Thema dieser Ausarbeitung. Wir beschäftigen uns mit den Problemen der Urknalltheorie und mit deren Lösung durch die Inflationstheorie und geben einen allgemein verständlichen und groben Überblick über die Geschehnisse in der Inflationsphase unmittelbar nach dem Urknall. Abschließend fassen wir im Kapitel 7 wesentliche Aufgaben zusammen, die die Kosmologie in den kommenden Jahren zu leisten haben wird.

Ich wünsche den Leserinnen und Lesern viel Freude.
Oberwesel, im April 2014

1 Ein paar grundsätzliche Erkenntnisse

In diesem Kapitel beschäftigen wir uns mit ein paar wenigen grundsätzlichen Fragestellungen und Ergebnissen der modernen Kosmologie, die uns darauf vorbereiten, die nachfolgenden Inhalte leichter zu verstehen. Nach allem, was wir wissen, ist das Universum vor nicht ganz 14 Milliarden Jahren aus einem extrem kleinen, heißen und dichten Anfangszustand hervorgegangen. Diesen Anfang nennen wir Urknall, obwohl es wahrscheinlich keinen Knall gegeben hat. Seit dem expandiert das Universum, das heißt, das sichtbare Universum wird zunehmend größer, kälter und weniger dicht. Sie ist nicht ganz ein Jahrhundert alt, diese Erkenntnis. Und doch schon so alt, dass sie eigentlich zum allgemeinen Wissen der Menschheit zählen sollte.

1.1 Die Urknallsingularität

Wenn man in den Gleichungen der Urknalltheorie mit der Zeit t, ausgehend von der gegenwärtigen Epoche t_0, immer weiter zurückgeht, sich also dem Wert t=0 nähert, wachsen Dichte und Temperatur des Universums ins Unendliche und seine Ausdehnung geht gegen null. Dieser von der Theorie vorhergesagte Zustand eines unendlich heißen, dichten und verschwindend kleinen Universums ist physikalisch nicht haltbar. Es ist aber immerhin die Vorhersage der allgemeinen Relativitätstheorie Albert Einsteins. Andererseits verhält sich das Universum nahe dem Urknall wie ein Fusionsreaktor[6], in dem die Gesetze der Teilchenphysik gelten. Es befindet sich auf einer so winzigen Größenskala, dass die Quantentheorie als zweite große physikalische Theorie ins Spiel kommt. Um die Anfänge des Universums richtig verstehen zu können, ist deshalb eine Vereinigung der klassischen Relativitätstheorie mit der Quantentheorie[6] notwendig. Für die Lösung dieses Problems, das zu den großen Herausforderungen der modernen Physik zählt, sind Ansätze vorhanden, aber noch kein Durchbruch in Sicht. Theorien, die sich mit der Vereinigung der beiden großen Theorien der Physik beschäftigen und damit auch mit der Suche nach der Lösung des „Anfang"-Problems unseres Universums, sind die Stringtheorie und die Theorie der Loop-Quantengravitation[6]. Die Gesetze der Teilchenphysik sind bis heute nur bis zu Temperaturen von etwa $T \approx 1,2 \cdot 10^{16} K$ nachgewiesen. Diese Nachweise werden mit Hilfe von Teilchenbeschleunigern geführt. Ein hochenergetischer Teilchenstrahl ist zwar nicht exakt dasselbe wie ein heißes Gas, von dem man annimmt, dass es das frühe Universum ausgefüllt hat[6]. Aber man erwartet dennoch verlässliche Aussagen über die Abläufe bei hohen Energien, was äquivalent ist zu hohen Temperaturen. Die bisher höchste Energie von ca. 7.000 GeV kann von dem Large Hadron Collider, abgekürzt LHC am CERN bei Genf in der Schweiz, der 2010 in Betrieb genommen wurde, erzeugt werden. Das Temperaturäquivalent liegt bei ca. $8 \cdot 10^{16} K$. Das Universum ist bei dieser Temperatur geschätzt $t \approx 10^{-14} s$ alt. Da sich die Kosmologie der Frühzeit auf die Teilchenphysik stützt, sind bisherige Aussagen bis etwa $t \approx 10^{-12} s$ nach dem Urknall einigermaßen gesichert, wenn auch noch nicht abschließend geklärt und in Teilbereichen sicherlich spekulativ. Aussagen über frühere, noch näher beim Anfang des Universums liegende Zeiten sind als spekulativ, wenn nicht als hoch spekulativ zu werten. Es gibt physikalische Theorien, die das Verhalten der Materie unter den in den sehr frühen Phasen des Universums herrschenden extremen Bedingungen erklären können. Sie lassen auch eine weitergehende Extrapolation zu, deren Ergebnisse aber noch nicht nachgewiesen werden konnten. Kippenhahn[10] nennt diese Epoche des Universums graue Epoche und die zugrunde liegende Physik Extrapolationsphysik. Aber auch diese Physik versagt dann, wenn man mit der Zeit soweit zurückgeht, dass das Alter des Universums die sogenannte Planck-Zeit unterschreitet. Diese liegt bei $t \approx 10^{-43} s$. Die entsprechende Epoche wird auch als weiße oder Planck-Epoche bezeichnet.

1.2 Das kosmologische Prinzip

Das kosmologische Prinzip besagt, dass das Universum auf großen Skalen (≥ 100 Mpc) homogen und isotrop ist, das heißt, es ist überall, also an jedem Ort, grundsätzlich gleich (Homogenität) und es gibt an keinem Ort eine ausgezeichnete Richtung (Isotropie).

Es lässt sich zeigen, dass aus der Isotropie des Universums an jedem Ort dessen Homogenität folgt[14]. Isotropie mit dem Beobachtungsstandort Milchstraße, also unserem Beobachtungsstandort, lässt sich zweifelsfrei beobachten. Isotropie an anderen Orten des Universums lässt sich nur postulieren und das aufgrund der Annahme, dass unsere Position, also die der Milchstraße, keine wie auch immer ausgezeichnete ist. Diese Annahme entspricht einer Erweiterung des sogenannten kopernikanischen Prinzips, dass die Welt nicht, wie seinerzeit noch allgemein angenommen, geozentrisch, sondern, wie er zu wissen glaubte, heliozentrisch ist, die Sonne also ihr Zentrum darstellt und nicht die Erde. Dass diese Vorstellung, dass wir, unsere Erde, unsere Sonne, unsere Galaxie den Mittelpunkt des Universums ausmachen, ist einigermaßen vermessen. Diese Ansicht hat ihre Vertreter im Laufe der Jahrhunderte, seit dem Astronomie und Kosmologie betrieben werden, immer wieder zu Rückziehern gezwungen. Die Vorstellung vom Mittelpunkt der Welt musste mit dem Fortschritt der Wissenschaft Zug um Zug aufgegeben werden. Stattdessen hat sich der Grundsatz der Kosmologie durchgesetzt, der als kosmologisches Prinzip bezeichnet wird.

1.3 Das Hubble-Gesetz

Seit Beginn der Zeit expandiert das Universum nach dem Gesetz von Hubble. Dieses wurde im Jahre 1929 von dem US-amerikanischen Astronomen Edwin Hubble entdeckt. Hubble konnte beobachten, dass sich alle hinreichend weit entfernten Galaxien von uns, unserer Heimatgalaxie, der Milchstraße also, wegbewegen, und zwar umso schneller, je weiter sie von uns weg sind. Nach diesem von Hubble entdeckten Gesetz gilt:

1.1 $v = H_0 \cdot r$.

Dabei ist v die Entweich- oder auch Fluchtgeschwindigkeit, r die Entfernung einer Galaxie von einem hypothetischen Beobachter auf einer beliebigen Galaxie und H_0 eine Konstante, die sogenannte Hubble-Konstante. Die Konstante hat die Dimension Geschwindigkeit pro Längeneinheit. Eingebürgert hat sich

1.2 $[H_0] = \dfrac{[km]}{[sec] \cdot [Mpc]}$.

Zur Einheit Mpc siehe Anhang B.

Bestimmt wurde der Wert der Konstanten H_0 durch Messung der Entweichgeschwindigkeiten mithilfe der sogenannten Rotverschiebung in den galaktischen Spektren – wir kommen darauf zurück – einerseits und durch Schätzung der Entfernung der Galaxien mit den seinerzeit zur Verfügung stehenden Möglichkeiten andererseits. Die Konstante H_0 wurde später zu Ehren von Hubble Hubble-Konstante genannt. Da ihr Wert lange Zeit nur unzureichend genau ermittelt werden konnte und auch heute noch laufend neu vermessen wird, hat sich die Schreibweise

1.3 $H_0 = 100 \cdot h \; km \cdot s^{-1} \cdot Mpc^{-1}$

eingebürgert. Der durch WMAP ermittelte Werte von h liegt bei

1.4 $h \approx 0{,}710 \pm 0{,}025$.

Hinweise:

Bei Galaxien unserer unmittelbaren Nachbarschaft, wie beispielsweise der Andromeda-Galaxie, übertrifft die gegenseitige Anziehungskraft die repulsive Kraft, die das Universum auseinander treibt. Milchstraße und Andromeda rasen zum Beispiel aufeinander zu. Deshalb gilt das Hubble-Gesetz nur für Galaxien, die relativ weit – mehr als 100 Mpc – voneinander entfernt sind.

WMAP ist ein im Jahre 2003 gestartetes Satellitenexperiment zur Bestimmung kosmologischer Parameter. Das Experiment lieferte Messdaten während der gesamten Lebenszeit des Satelliten. Diese heißen dann zum Beispiel WMAP +5 oder WMAP + 7 Jahre.

Wir werden später sehen, dass das Hubble-Gesetz eine Eigenschaft der expandierenden Raumzeit ist und es sich bei der Fluchtgeschwindigkeit der Galaxien in Wirklichkeit nicht um eine Bewegung der Galaxien, sondern vielmehr um die Ausdehnung des Raumes selbst handelt. Insofern sind die Begriffe Fluchtgeschwindigkeit und Entweichgeschwindigkeit, wenn man es genau nimmt, falsch. Da sich die Begriffe eingebürgert haben, verwendet man sie dessen ungeachtet weiter. Im Übrigen erleichtern sie in einigen Fällen die Ableitung von Ergebnissen auf Basis der klassischen Physik.

Würde die Entdeckung Hubbles nur für unsere eigene Beobachterposition, also nur für unsere Heimatgalaxie, die Milchstraße, gelten, so würden wir eine ausgezeichnete Stellung im Universum einnehmen. Wir wären quasi der Mittelpunkt der Welt, von dem sich alle anderen Galaxien wegbewegen. Dies würde dem kosmologischen Prinzip widersprechen. Um das Hubble-Gesetz mit dem kosmologischen Prinzip in Übereinstimmung zu bringen, muss dieses als an jedem Ort im Universum geltend postuliert werden:

Von jedem Ort des Universums aus gesehen entfernen sich die Galaxien und dies umso schneller, je weiter sie vom Beobachter entfernt sind.

1.4 Die kosmische Skalenfunktion

Die Theorie, die die Expansion der Raumzeit beschreibt, ist die Allgemeine Relativitätstheorie. Unter der Prämisse, dass das Universum eine flache Geometrie besitzt und dem kosmologischen Prinzip folgend homogen und isotrop ist, kann es durch einen expandierenden euklidischen Raum modelliert werden.

Hinweis:

Da inzwischen zweifelsfrei nachgewiesen ist, dass unser Universum eine flache Geometrie besitzt, können wir mit dieser die Situation vereinfachenden Annahme beruhigt arbeiten. Sie erspart uns die nicht ganz einfache Auseinandersetzung mit dem Thema Krümmung.

Wichtiger Bestandteil für die mathematische Beschreibung eines expandierenden euklidischen Raumes ist die sogenannte Skalenfunktion, die das Expansionsverhalten des Universums festlegt und die wir mit $a(t)$ bezeichnen. Sie ergibt sich aus der sogenannten Friedmann-Gleichung, die wir in einem der nächsten Kapitel kennenlernen. Die Skalenfunktion ist abhängig vom Zustand des Universums. Dabei versteht man unter dem Zustand des Universums dessen Konstitution. Differenziert wird zwischen dem materiedominierten, dem strahlungsdominierten und dem durch die Dunkle Energie dominierten Zustand. Die Skalenfunktion hat als unabhängige Variable die kosmische Zeit t. Dabei ist die kosmische Zeit die Zeit, die seit dem Urknall vergangen ist. Zur Definition der kosmischen Zeit siehe zum Beispiel bei Harrison[7]. Die Skalenfunktion gibt nun an, in welchem Verhältnis sich die Distanz zwischen einer Galaxie und einem Beobachter im Zuge der Expansion und in Relation zur aktuellen verändert. Mit dieser wichtigen Funktion, die wesentlich ein Weltmodell definiert, werden wir uns nun beschäftigen. Wir definieren:

Sei $r(t_0)$ die Distanz zwischen uns, das heißt, unserer Heimatgalaxie und einem kosmischen Objekt (= Galaxie) in der gegenwärtigen Epoche t_0, dann indiziert die kosmische Skalenfunktion, wie groß die Distanz $r(t)$ in der kosmischen Epoche $t \neq t_0$ war bzw. sein wird. Es gilt

1.5 $\quad r(t) = a(t) \cdot r(t_0)$.

Damit ist

1.6 $\quad a(t_0) = 1$.

Hinweis:

Über kosmologische Entfernungen werden wir uns erst in einem späteren Kapitel unterhalten können. Im Augenblick behandeln wir den Begriff Entfernung, wie wir ihn aus unserer Alltagserfahrung kennen. Wir können also feststellen, wie oft ein definiertes Längenmaß zwischen uns und das beobachtete kosmische Objekt passt und erhalten so die Distanz zum Objekt in den entsprechenden Einheiten. Dass wir genau das im realen Universum nicht können, werden wir noch sehen. Auch was wir unter der Größe des sichtbaren Universums verstehen wollen, werden wir noch besprechen. Im Augenblick stellen wir uns vor, dass die Größe des sichtbaren Universums der weitesten Entfernung entspricht, aus der uns Licht noch erreichen kann. Geht man mit dieser in die Relation 1.5, so erhält man die Größe des sichtbaren Universums in der Epoche t. Man sagt auch, das Universum befand sich bzw. wird sich bei t auf der Skala $a(t)$ befinden. Da die kosmische Skalenfunktion das Expansionsverhalten des modellierten Universums beschreibt, muss man erwarten, dass Hubble-Konstante und Skalenfunktion voneinander abhängen. Diese Abhängigkeit werden wir im Folgenden herleiten. Zunächst postulieren wir vom kosmologischen Modell unabhängige, das heißt, allgemeine Eigenschaften der Skalenfunktion, die man aufgrund der bisherigen Erörterungen und aus Beobachtungen resultierend, erwarten kann. Wir postulieren als Erstes einen relativ glatten Verlauf von a. Mathematisch ausgedrückt verlangen wir, dass die Funktion stetig und sogar differenzierbar ist. Es ließe sich sicher schlecht leben in einem Universum, in dem das nicht so wäre. Man könnte auch behaupten, dass Gott keine Sprünge macht. Die erste Ableitung $a'(t)$ der Skalenfunktion entspricht der Veränderungsrate des Skalenparameters in der kosmischen Zeit und indiziert damit die Fluchtgeschwindigkeit einer Galaxie. Da wir vom Urknall überzeugt sind, können wir für den Beginn der Zeit, den wir mit t=0 belegen, einen Skalenwert von null annehmen. Das bedeutet, dass das Universum am Anfang keine Ausdehnung hatte. Diese Aussage ist zwar physikalisch nicht haltbar[1,6,11,14], aber sie ist zweckmäßig und es lässt sich, wie wir noch sehen werden, gut rechnen damit. Wir legen also

1.7 $a(0) = 0$

fest. Wir kürzen noch ab mit

1.8 $a_0 = a(t_0)$ und $a'_0 = a'(t_0)$

und verlangen weiter

1.9 $a(t) > 0$ und $a'(t) > 0$ für $0 < t \leq t_0$.

Begründung:

1.9 bedeutet insbesondere $a_0 > 0$ und $a'_0 > 0$. Wäre $a_0 \leq 0$, so würden wir nicht existieren können, jedenfalls nicht in der Form, wie wir existieren. $a'_0 \leq 0$ würde der Expansion des Universums widersprechen. Die aber können wir zweifelsfrei beobachten. Wäre $a'(t) = 0$ für $0 < t < t_0$, so müsste es in der Vergangenheit eine Epoche mit minimalem Skalenwert a_{min} gegeben haben, in der das Universum den Übergang von einem kollabierenden in das expandierende Universum vollzogen hat, das wir heute beobachten. Dieser Fall kann experimentell, das heißt aufgrund von Beobachtungen, ausgeschlossen werden[14].

Eine einfache Skalenfunktion, die den obigen Regeln folgt, ist

1.10 $a(t) = \dfrac{t}{t_0}$.

Für diese gilt

$a(0) = 0$, $a(t_0) = 1$, $a(t) > 0$ und $a'(t) = \dfrac{1}{t_0} > 0$ für alle $t > 0$.

Insbesondere ist die Fluchtgeschwindigkeit der Galaxien über alle Zeiten konstant. Wir werden noch sehen, dass diese Art Expansion nicht der Realität entspricht. Diese ist um einiges komplizierter.

Wir kommen nun auf den Zusammenhang zwischen der Hubble-Konstanten und der Skalenfunktion. Wir betrachten dazu eine Galaxie, die in der gegenwärtigen Epoche $r(t_0)$ Entfernungseinheiten von unserer Galaxie entfernt ist. Die Ableitung $r'(t_0)$ entspricht dann der Fluchtgeschwindigkeit dieser Galaxie. Mit Hubble folgt also

1.11 $r'(t_0) = H_0 \cdot r(t_0)$.

Mit der Skalenfunktion erhält man die Entfernung der Galaxie in der Epoche $t_0 + \Delta t$ gemäß

1.12 $r(t_0 + \Delta t) = a(t_0 + \Delta t) \cdot r(t_0)$.

Es folgt

$$r'(t_0) = \lim_{\Delta t \to 0} \frac{r(t_0 + \Delta t) - r(t_0)}{\Delta t} = \lim_{\Delta t \to 0} \frac{a(t_0 + \Delta t) - a(t_0)}{\Delta t} \cdot r(t_0) = a'_0 \cdot r(t_0)$$

und daraus mit 1.6 und 1.11

1.13 $H_0 = \dfrac{a'_0}{a_0}$.

H_0 wird auch als Expansionsrate bezeichnet. Wir werden noch sehen, dass sich 1.13 auf jede kosmische Epoche übertragen lässt.

1.5 Die baryonische Materie

Wenn man sich unvoreingenommen der Frage nach der materiellen Zusammensetzung des Universums nähert, wird man zunächst sicherlich vermuten wollen, dass es aus der Materie besteht, die wir aus unserer unmittelbaren Erfahrung kennen. Das ist die sogenannte baryonische Materie, aus der wir selbst bestehen, unser Heimatplanet, das Sonnensystem, unsere Heimatgalaxie und auch die geschätzten 10^{11} Galaxien außerhalb unserer eigenen, von denen viele auf ihre Konstitution untersucht wurden. Zwischen den Sternen einer Galaxie und zwischen den Galaxien selbst existieren scheinbar riesige Leerräume. Wie wir aber wissen, bestehen auch diese aus der uns bekannten, wenn auch extrem verdünnten, Materie. Es handelt sich vorrangig um aus Wasserstoff bestehende Gas- und Staubwolken. Die Dichte der im Universum vorhandenen baryonischen Materie, die wir mit $\delta_{b,0}$ bezeichnen – der Index 0 steht dabei wieder für die gegenwärtige Epoche –, kann auf der Grundlage von Beobachtungen und Modellrechnungen ganz gut geschätzt werden. Die gegenwärtige Baryonendichte wird mit etwa

1.14 $\delta_{b,0} \approx 4{,}0 \cdot 10^{-28} \; kg \cdot m^{-3}$

angegeben. Dieser Wert erscheint zwar extrem klein, wenn wir ihn beispielsweise mit der Dichte von Wasser von ca. $10^3 \; kg \cdot m^{-3}$ vergleichen. Er sollte aber nicht unbedingt beunruhigen. Wir sollten nur versuchen, uns die schier unendlichen Weiten des Universums vorzustellen mit riesigen, nahezu fast leeren Räumen wischen den Objekten. Tatsächlich macht die baryonische Materie aber nur einen sehr kleinen Teil der Konstitution des Universums aus. Ihr Beitrag zur Gesamtenergie- und Materiedichte liegt bei maximal 4 %. Den Anteil der Baryonendichte an der Gesamtdichte nennen wir Dichteparameter der baryonischen Materie und kürzen ab mit dem Symbol $\Omega_{b,0}$. $\Omega_{b,0}$ liegt bei etwa

1.15 $\Omega_{b,0} \approx 0{,}04$.

Hinweis:

Wir werden Dichteparameter noch für eine andere Materieart und für eine bestimmte Energie definieren. Allgemein bezieht man sich dabei auf die sogenannte kritische Dichte. Die kritische Dichte entspricht in Modelluniversen mit flacher Geometrie der gesamten Energie- und Materiedichte. Siehe dazu beispielsweise bei Harrison[7].

1.6 Der kosmische Strahlungshintergrund

Nachdem der anfänglich von Hubble beobachtete Wert der Hubble-Konstante zu groß und das daraus abgeleitete Alter des Universums zu klein war und im Widerspruch stand zu anderen Beobachtungen, geriet die Urknalltheorie für lange Zeit in Bedrängnis. Ihre Anerkennung litt bis zu der einschneidenden Entdeckung der kosmischen Hintergrundstrahlung im Jahre 1964. Wir versetzen und in die kosmische Zeit zwischen 300.000 und 400.000 Jahre nach dem Urknall. Das Universum war in dieser Epoche etwa 3.000 K heiß und bestand aus einem Gas-Teilchengemisch von im Wesentlichen leichten Atomkernen, vorrangig Wasserstoff- und Heliumkernen, aus freien Elektronen, Photonen und Neutrinos. Während die Neutrinos mit keiner der anderen Teilchenarten wechselwirken, wurde die Verbindung von Atomkernen und Elektronen zu elektrisch neutralen Atomen durch die hohe Anzahl hochenergetischer Photonen verhindert. Erst als im Zuge der Expansion des Universums, die Energie der Photonen unter die Bindungsenergie des Wasserstoffatoms gesunken war – das Universum war 3.000 K heiß und befand sich auf der Skala 10^{-3} –, konnten sich elektrisch neutrale Atome bilden. Dieser Prozess heißt Rekombination. Die Vorsilbe „Re" ist auf den ersten Blick irritierend, handelt es sich doch um die erstmalige Bildung von Elementen. Rekombination wird aber in der Laborphysik für diese Prozesse verwendet[6] und wurde so in den Kontext der primordialen Bildung von neutralen Atomen übernommen. Rekombination ist also der Prozess, der es ermöglichte, dass bis dahin ionisierte Atomkerne durch das „Einfangen" von freien Elektronen zu elektrisch neutralen Atomen wurden. Die Epoche der Rekombination lässt sich auf ein Weltalter von nicht ganz 400.000 Jahre datieren. Ab diesem Zeitpunkt bzw. dieser Epoche, den bzw. die wir mit t_r indizieren, konnten sich die Photonen frei durch das Universum bewegen. Das Universum wurde „durchsichtig". Die 400.000 Jahre nach dem Urknall frei gewordenen Photonen können wir heute als kosmischen Mikrowellenhintergrund messen. Im Zuge der Expansion nahm die Energie der Photonen und damit ihre Temperatur bis heute auf ca. 2,725 K ab. Dieser kosmische Photonenhintergrund entspricht sehr exakt der Strahlung eines schwarzen Körpers[3,14]. Genau diese Eigenschaft ist im Zuge der Expansion und Abkühlung des Universums bis heute erhalten geblieben. Die Genauigkeit, mit der der Strahlungshintergrund einer Schwarzkörperstrahlung von 2,725 K entspricht, ist extrem verblüffend und die beeindruckendste Verifizierung der Vorhersage der heißen Urknalltheorie. Unabhängig von dieser erstaunlichen Eigenschaft ist der CMB für Cosmic Microwave Background extrem homogen. Messungen belegen, dass sich die Inhomogenität in der Größenordnung von 10^{-5} bewegt. So gilt

1.16 $\quad \dfrac{\Delta T}{T} \approx 10^{-5}$.

Dabei ist ΔT die Temperaturdifferenz unterschiedlicher Lokationen und T die mittlere Temperatur des CMB. Man spricht in diesem Zusammenhang von der Anisotropie des Mikrowellenhintergrundes. Die sehr geringe Größe der Anisotropie des Strahlungshintergrundes stellt gleichzeitig ein neues Problem dar. Sie zwingt nämlich zur Annahme der Existenz einer Materieart, deren Konstitution wir bis heute noch nicht sicher kennen. Dabei handelt es sich um die sogenannte Dunkle Materie. Im nächsten Abschnitt werden wir uns mit dieser Materie etwas genauer beschäftigen. Den kosmischen Photonenhintergrund können wir sehr genau messen und unter Anwendung bekannter physikalischer Gesetze die Dichte der Strahlungsenergie berechnen. Es gilt

1.17 $\quad \delta_{\gamma,0} \approx 4{,}6 \cdot 10^{-31}\ kg \cdot m^{-3}$.

Hinweis:

Den Index γ verwenden wir für die Indikation der Zusammensetzung der Strahlung aus Photonen.

Aus theoretischen Überlegungen ergibt sich für die Strahlungsdichte $\delta_{r,0}$ der sogenannten relativistischen Strahlung[1,3], der Strahlung, die aus Photonen und Neutrinos besteht, ein Wert von

1.18 $\quad \delta_{r,0} \approx 7{,}8 \cdot 10^{-31} \text{ kg} \cdot \text{m}^{-3}$.

Den Dichteparameter der relativistischen Strahlung definieren wir in Analogie zum Dichteparameter der baryonischen Materie und schreiben $\Omega_{r,0}$. Es gilt

1.19 $\quad \Omega_{r,0} \approx 8{,}2 \cdot 10^{-5} \text{ kg} \cdot \text{m}^{-3}$.

1.7 Die Dunkle Materie

In den 1930er Jahren wurde von dem Schweizer Physiker und Astronomen beobachtet, dass sich die Galaxien in den Außenbezirken des Comahaufens, einer Ansammlung von mehreren Tausend Galaxien in einer Entfernung von ca. 370 Millionen Lichtjahren, so rasch bewegen, dass die von der sichtbaren Materie generierten Gravitationskräfte ihr Verbleiben im Haufen nicht erklären kann. Eigentlich müssten viele der Galaxien aufgrund ihrer Rotationsgeschwindigkeit aus dem Haufen herausgeschleudert werden. Es entstand die Theorie von der dunklen Materie. Eine zur sichtbaren Materie zusätzlich in dem Haufen vorhandene nicht leuchtende Materie wurde postuliert, die in der Lage ist, die notwendige Gravitationskraft aufzubringen. Diese nicht leuchtende Materie wurde fortan als Dunkle Materie bezeichnet. Die Idee von der Existenz nicht leuchtender Materie, insbesondere in der postulierten Menge – immerhin sollten über 80 % der Materie dunkel sein – auf eine natürliche Skepsis. Den Durchbruch brachte dann aber die Untersuchung der Bewegung von Sternen in zahlreichen Galaxien, die in den 1960er Jahren durchgeführt wurden. Im Ergebnis sollen tatsächlich etwa 83 % der Materie aus dunkler Materie und etwa 17 % aus baryonischer bestehen. Das ist einigermaßen verrückt, aber es gibt keine Wahl. Es ist bis heute allerdings nicht ausgemacht, aus welcher Art von Material sich die Dunkle Materie zusammensetzt.

Hinweis:

Seit dem die Dunkle Materie in die Welt gesetzt wurde, gibt es auch Zweifel an ihr. Wenn die Zweifel zuträfen, wäre das ziemlich dramatisch für die Gravitationsphysik. Diese müsste dann wohl, zumindest partiell, überarbeitet werden. Dazu zählt dann auch schlimmstenfalls die Allgemeine Relativitätstheorie. Es liegt auf der Hand, dass das so einfach kein Physiker in die Hand nimmt. Unabhängig davon nehmen die Zweifel an der Existenz der Dunklen Materie zu. So gibt es Untersuchungen, die die sogenannte Lokale Gruppe, wozu die Milchstraße, der Andromedanebel und 60 weitere kleinere, sogenannte Zwerggalaxien, zählen, auf die Existenz dunkler Materieanhäufungen getestet haben. Im Ergebnis wurden 5 schwerwiegende Widersprüche zu den Vorhersagen der Theorie ausgemacht. Die mögliche Nichtexistenz der Dunklen Materie würde auch das Standardmodell der Kosmologie, das wir uns hier anschicken vorzustellen, ins Wanken bringen. Aber so arbeitet die Wissenschaft. Sie schreibt keine Dogmen.

Die Rotation von Spiralgalaxien:

Wir vergleichen im Folgenden die Rotationsmuster von Sternen unter der Annahme, dass nur leuchtende Materie für das Verbleiben der Sterne in ihrer Galaxie verantwortlich ist, mit den beobachteten Rotationskurven. Wir betrachten dazu eine typische Spiralgalaxie mit einem relativ kompakten Kern und im Vergleich dazu vernachlässigbar materiearmen Spiralarmen. Diese Struktur wird durch die Beobachtung bestätigt. In zunehmendem Abstand vom Galaxienmittelpunkt nimmt nämlich die Helligkeit einer typischen Spiralgalaxie deutlich ab.

Sei nun r die Entfernung vom Mittelpunkt der Galaxie, M(r) die Galaxienmasse innerhalb des Radius r und m die Masse eines Sterns, der mit der tangentialen Geschwindigkeit v im Abstand r um den Mittelpunkt der Galaxie rotiert. Die auf den Stern wirkende Zentrifugalkraft F_z ist dann (siehe Anhang A)

1.20 $\quad F_z = m \cdot \dfrac{v(r)^2}{r}$.

Sie wird generiert durch die Gravitationskraft F_g mit (siehe Anhang A)

1.21 $\quad F_g = \dfrac{G \cdot m \cdot M(r)}{r^2}$.

Aus 1.20 und 1.21 folgt für die Tangentialgeschwindigkeit v der Galaxie

1.22 $\quad v(r) = \sqrt{\dfrac{G \cdot M(r)}{r}}$.

Die Dichte der im Galaxienkern vorhandenen Materie können wir für kleine r als konstant ansehen. Mit

1.23 $\quad \delta = \dfrac{M(r)}{V(r)}$

ist dann

1.24 $\quad M(r) = \dfrac{4\pi}{3} \cdot r^3 \cdot \delta$

und zusammen mit 1.22

1.25 $\quad v(r) = r \cdot \sqrt{G \cdot \dfrac{4\pi}{3} \cdot \delta}$.

Die Tangentialgeschwindigkeit nimmt also linear mit dem Abstand zum Mittelpunkt der Galaxie zu. Das gilt aber nur bis zum Rande des relativ kompakten Kerns der Galaxie.

Für größere r kann man die Gesamtmasse M bis zum betrachteten Abstand ansetzen. Mit 1.22 gilt dann

1.26 $\quad v(r) = \dfrac{1}{\sqrt{r}} \cdot \sqrt{G \cdot M(r)}$.

Tendenziell nimmt also die Tangentialgeschwindigkeit mit zunehmendem Abstand zunächst linear gemäß

1.27 $v(r) \approx r$

zu und dann mit

1.28 $v(r) \approx \dfrac{1}{\sqrt{r}}$

ab. Das Problem besteht darin, dass dieses modellierte Rotationsverhalten nicht beobachtet wird. Beobachtet werden vielmehr Tangentialgeschwindigkeiten, die auf dem anfänglichen, nach dem linearen Anstieg erreichten Niveau bis zum Rande der Beobachtungsmöglichkeit nahezu flach verlaufen[14]. Dies kann erklärt werden durch einen sogenannten Halo nicht sichtbarer Materie, der weit über die sichtbare Grenze der Galaxie hinausgeht und die gesamte Galaxie umhüllt. Diese nicht leuchtende, bis dato ausschließlich gravitativ wahrgenommene, Materie wird Dunkle Materie genannt.

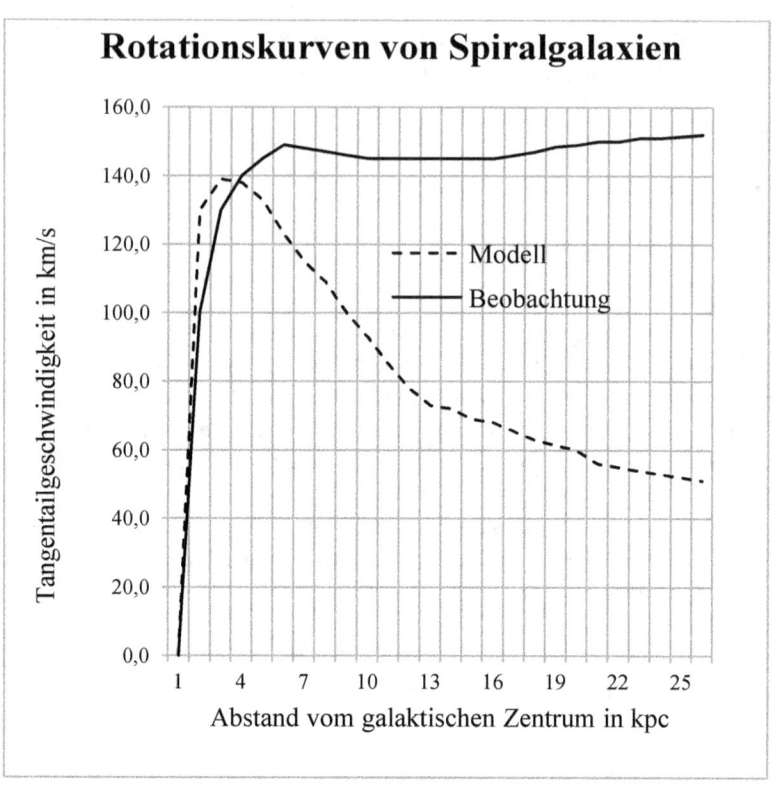

Abbildung 1.1: Rotationskurven von Spiralgalaxien

Die Abbildung 1.1 zeigt den Verlauf der Geschwindigkeiten bei Abstandswerten, die mit den in der Milchstraße beobachteten vergleichbar sind[14].

Es gibt neben dem Rotationsverhalten in Galaxien ein weiteres, aber nicht weniger gewichtiges Indiz für die Existenz nicht leuchtender Materie. Mit diesem werden wir uns im Folgenden auseinandersetzen. Es geht dabei um die Bildung der ersten Strukturen im frühen Universum, die ohne dunkle Materie, bisher jedenfalls nicht, erklärt werden kann.

Die Bildung von Strukturen:

Unter 1.2 hatten wir im Zusammenhang mit dem kosmologischen Prinzip die Homogenität des Universums postuliert. Die Annahme der Homogenität des Universums ist aber idealistisch und maximal für große Skalen gerechtfertigt. Dass nämlich das Universum auf kleinen Skalen auffallend inhomogen ist, zeigt ein einfacher Blick in den Sternenhimmel und beispielsweise auf das Band der Milchstraße. Damit die Modelle, die wir noch kennenlernen, das mittlere Verhalten des Universums realistisch beschreiben können, wird aber Homogenität vorausgesetzt. Im vorliegenden Abschnitt soll ansatzweise – eine tiefer gehende Behandlung würde den Rahmen der Arbeit sprengen – gezeigt werden, dass die beobachtete Größenordnung der Inhomogenität auf kleinen Skalen ohne die Existenz bisher nicht beobachtbarer, eben dunkler Materie, zumindest bis heute nicht, erklärt werden kann. Die beobachtete Inhomogenität hat ihren Ursprung in Dichteschwankungen im Material des sehr frühen Universums. Die Keimzellen der heute existenten Strukturen waren schon bei der Rekombination als Dichtefluktuationen in der frei werdenden Hintergrundstrahlung vorhanden. So können bereits im kosmischen Strahlungshintergrund Dichteschwankungen in der Größenordnung von[14]

$$1.29 \quad \frac{\delta(r,t) - \bar{\delta}(t)}{\bar{\delta}(t)} \approx 10^{-5}$$

nachgewiesen werden, die den unter 1.6 angegebenen Temperaturdifferenzen entsprechen. In 1.29 ist $\bar{\delta}(t)$ die mittlere Dichte zum Zeitpunkt t und $\delta(r,t)$ die gegebenenfalls davon abweichende Dichte zum Zeitpunkt t an einer durch r fest gelegten Raumposition. $\tilde{\delta}(r,t)$ mit

$$1.30 \quad \tilde{\delta}(r,t) = \frac{\delta(r,t) - \bar{\delta}(t)}{\bar{\delta}(t)}$$

heißt Dichtestörung oder auch Dichtefluktuation. Offensichtlich hat die Dichtefluktuation im Laufe der Entwicklung des Universums zugenommen. Wie man sich die Entwicklung und Herausbildung der Strukturen wie wir sie heute kennen, vorstellt, beschreiben wir nun.

Das durch die mittlere Materiedichte $\bar{\delta}$ generierte Gravitationsfeld kontrolliert die Expansion des Universums nach dem Hubble-Gesetz. Eine Dichteschwankung der Form

1.31 $\quad \Delta\delta(r,t) = \delta(r,t) - \bar{\delta}(t)$

generiert ein zusätzliches Kraftfeld und damit eine Störung des mittleren Gravitationsfeldes. Das insgesamt aus der Materieverteilung resultierende Gravitationsfeld entspricht damit der Summe der Gravitationsfelder, die aus der mittleren Materiedichte und aus den Dichtefluktuationen generiert werden. Betrachtet man nun ein Volumenelement, in dem das resultierende Gravitationsfeld größer ist als das mittlere, also

1.32 $\quad \Delta\delta(r,t) = \delta(r,t) - \bar{\delta}(t) > 0$

gilt, so expandiert das überdichte Gebiet langsamer als es der von der mittleren Dichte kontrollierten Hubble-Expansion entspricht. Die Dichte der Materie in dem betrachteten Volumenelement nimmt deshalb auch langsamer ab, als es im Mittel der Fall ist. Dies impliziert eine zusätzliche relative Verdichtung. Für Gebiete mit einer Dichte, die kleiner ist als die mittlere, vergrößert sich in Analogie die Unterdichte. In beiden Fällen nimmt der Dichtekontrast zu, $|\tilde{\delta}|$ wird also mit fortschreitender Zeit größer. Das lässt den Schluss zu, dass das Universum in früheren Zeiten weniger inhomogen war, als es heute inhomogen ist.

Die mathematischen Methoden, die sich mit der Entwicklung der Dichtefluktuationen beschäftigen, sind die sogenannten Störungsrechnungen. Dabei handelt es sich um Differenzialgleichungen, die sich nur in den einfachsten Fällen analytisch lösen lassen. Bei kleinen Dichtefluktuationen kann man sich den Vorgängen mit einer linearen Approximation nähern. Man erhält im Ergebnis für den Dichtekontrast eine Relation der Form[16]

1.33 $\quad \tilde{\delta}(r,t) \approx D(t) \cdot \tilde{\delta}_0(r)$.

Dabei ist D(t) der sogenannte Wachstumsfaktor. D(t) ist abhängig von dem zugrunde liegenden kosmologischen Modell. In einem sehr einfachen Fall, genauer im sogenannten Einstein de Sitter-Modell[14] entspricht der Wachstumsfaktor dem Skalenparameter a(t), sodass D(t)=a(t) ist und damit

1.34 $\quad \tilde{\delta}(r,t) \approx a(t) \cdot \tilde{\delta}_0(r)$.

Dabei ist $\tilde{\delta}_0(r)$ die gegenwärtige Dichtefluktuation, $\tilde{\delta}(r,t)$ die Dichtefluktuation und a(t) der Skalenparameter bei t. Wir nehmen für einen heute vorliegenden relativen Dichtekontrast beispielsweise $\tilde{\delta}(r,t)$ an. Diese Größenordnung der Dichtefluktuation treffen wir an, wenn wir das Universum auf der Skala von Superhaufen betrachten (≈ 10Mpc). Zum Zeitpunkt der Rekombination t_r mit $a(t_r) \approx 10^{-3}$ sollte man daher mindestens

1.35 $\quad \tilde{\delta}(r,t) \approx 10^{-3}$

erwarten, damit diese Dichtefluktuationen bis heute auf $\tilde{\delta}_0(r) \approx 1$ anwachsen konnten. Das ist aber nicht so. Es wird nämlich, wie oben festgestellt, ein Wert von

1.36 $\quad \tilde{\delta}(r,t_r) \approx 10^{-5}$

gemessen. Dieser Widerspruch kann durch die Annahme der Existenz und gleichzeitig der Dominanz von nicht sichtbarer, also dunkler Materie aufgelöst werden. Voraussetzung ist, dass diese Dunkle Materie mit den Photonen nicht wechselwirkt und sich nur gravitativ äußert. Sie bildet bei t_r eine Dichtefluktuation in der Größenordnung von 10^{-3}. In diese Potenzialtöpfe konnten die nach der Rekombination vom Strahlungsdruck befreiten Baryonen hineinfallen und so zusammen mit der dunklen Materie die Keimzellen für die heutigen Strukturen im Universum bilden. Das ist die sehr aufregende Geschichte des Beginns unserer Welt. Wir sprechen im nächsten Abschnitt noch kurz über die Zusammensetzung der dunklen Materie.

Die Konstitution der Dunklen Materie:

Fragt man danach, aus welchem Material die Dunkle Materie besteht, so gibt es zwei prinzipielle Antworten. Entweder lässt sich die Dunkle Materie astronomisch, das heißt, durch nicht leuchtende Himmelskörper, zum Beispiel durch ausgebrannte Sterne erklären oder aber durch die fundamentale Physik, also durch noch nicht bekannte Teilchen. Inzwischen geht man davon aus, dass es sich bei der Dunklen Materie um Teilchen handelt, die sich leider, trotz intensiver Suche, der Beobachtung hartnäckig entziehen. Lange Zeit war man sich nicht sicher – ganz sicher ist man sich genau genommen auch heute noch nicht –, ob es sich um relativistische oder um nicht relativistische Teilchen handeln könnte[3]. Im ersten Fall spricht man von HDM für hot dark matter und im zweiten Fall von CDM für cold dark matter. Inzwischen geht man davon aus, dass die Dunkle Materie im Wesentlichen aus nicht relativistischer Materie besteht. Postuliert werden Teilchen, die ausschließlich der Gravitation und der schwachen Kernkraft unterliegen, sogenannte WIMPs von weakly interacting massive particles. Als Kandidaten gelten Elementarteilchen, die sich aus einer Erweiterung des Standardmodells der Elementarteilchenphysik, der sogenannten Theorie der Supersymmetrie ergeben. Die aussichtsreichsten Kandidaten sind die leichtesten supersymmetrischen Teilchen, die sogenannten LSPs von „lightest supersymmetric particle". Von den Experimenten am LHC-Beschleuniger am europäischen Forschungszentrum CERN erwartet man weitere Erkenntnisse über die Zusammensetzung der dunklen Materie. Noch schöner und zugleich eine Sensation wäre sicher die unmittelbare Bestätigung ihrer Existenz und der Nachweis ihrer tatsächlichen Konstitution.

Das Thema zusammenfassend geht man heute davon aus, dass die baryonische Materie ca. 4,0 % und die Dunkle Materie ca. 23,0 %, beide Materiearten zusammen also etwa 27,0 % der gesamten Materie- und Energiedichte des Universums ausmachen. Es ist also

1.37 $\quad \Omega_{b,0} \approx 0{,}04$,

1.38 $\quad \Omega_{d,0} \approx 0{,}23$

und

1.39 $\quad \Omega_{m,0} = \Omega_{b,0} + \Omega_{d,0} \approx 0{,}27$.

Dies alles ist ziemlich exotisch. Aber es wird noch um Einiges exotischer. Die fehlenden etwas über 70 % an der Zusammensetzung unseres Universums sind nämlich noch nicht erklärt. Darüber werden wir im folgenden Abschnitt sprechen.

1.8 Die dunkle Energie

Bei Anwendung der Feldgleichungen der allgemeinen Relativitätstheorie auf ein homogenes und isotropes Universum ergeben sich zwei grundsätzliche Lösungen. Das Modell sagt entweder ein für alle Zeiten expandierendes Universum voraus oder ein Universum, das nach endlicher Zeit in sich zusammenfällt, das heißt, kollabiert. Beide Lösungen widersprachen dem seinerzeit vorherrschenden Weltbild eines stationären Universums. Um diesem Bild zu entsprechen, führte Einstein in seinen Feldgleichungen eine Konstante ein, mit der genau das, nämlich ein stationäres Universum, erreicht wurde. Die Konstante wurde kosmologische Konstante genannt und fortan mit dem griechischen Buchstaben Λ (Lambda) bezeichnet. Eine gute physikalische Interpretation der Konstanten gab es nicht. Der russische Physiker und Mathematiker Alexander Alexandrowitsch Friedmann fand als erster Lösungen der einsteinschen Feldgleichungen, nach denen das Universum nicht statisch, sondern dynamisch sein konnte. Nachdem Ende der 1920er Jahre von Hubble die Expansion des Universums beobachtet wurde, bezeichnete Einstein die Einführung von Lambda angeblich als die größte Eselei seines Lebens. Ob diese Überlieferung richtig ist, wissen wir nicht. Wir wissen aber, dass Einstein die Konstante verwarf. Als 1998 beobachtet wurde[3], dass die Expansion des Universums beschleunigt verläuft und nicht gebremst, wie man bis dato geglaubt hatte zu wissen, wurde die kosmologische Konstante reaktiviert. Ihre Wirkung auf die Dynamik der Expansion entspricht dieser Beobachtung. Eine positive kosmologische Konstante wirkt nämlich wie eine Antischwerkraft und generiert eine Beschleunigung der Expansion des Universums. Man hat versucht, die kosmologische Konstante durch quantenmechanische Effekte zu erklären[9]. Es ist aber bis heute nicht gelungen, einen einigermaßen realistischen Wert für Λ aus der Quantenmechanik abzuleiten. Die auf diese weise ermittelte Größenordnung übertrifft die beobachtete bzw. aus den kosmologischen Gleichungen errechnete um ca. 120 Zehnerpotenzen[9]. Andererseits ist Λ, wenn man es aus den kosmologischen Gleichungen ableitet, so klein, dass viele Wissenschaftler alleine schon darin einen Grund für seine Nichtexistenz sehen, Λ also eher lieber bei null sähen. Berechnet man nämlich seinen Wert aus den kosmologischen Gleichungen, so ergibt sich eine extrem kleine Größe. Es ist

1.40 $\quad \Lambda \approx 10^{-35} \cdot s^{-2}$.

Die aktuellen Beobachtungen lassen uns allerdings keine Chance. Es sieht danach aus, dass tatsächlich

1.41 $\quad \Lambda \neq 0$

ist. Wäre der Wert aber nur wenig größer als er tatsächlich ist, wäre das Universum aufgrund der abstoßenden Kraft auseinandergeflogen, bevor es in der Lage gewesen wäre, zum Beispiel Lebewesen wie uns, hervorzubringen[9].

Wir fassen das Thema vorläufig zusammen. Alle Beobachtungen weisen auf eine von null verschiedene positive kosmologische Konstante hin. Die Interpretation als Dunkle Energie führt zu einer Energiedichte, die ca. 73,0 % der Materie- und Energiedichte des Universums ausmacht. Es ist also

1.42 $\quad \Omega_{\Lambda,0} \approx 0{,}73$.

Auf eine wichtige, wenn auch eine sehr merkwürdige, Eigenschaft der dunklen Energie wollen wir an dieser Stelle noch eingehen. Diese Eigenschaft erklärt eigentlich erst die abstoßende Wirkung, die von der dunklen Energie generiert wird. Da die Dichte der dunklen Energie als konstant postuliert wird[6,7], folgt unmittelbar aus dem 1. Hauptsatz der Thermodynamik für ein expandierendes, genauer adiabatisch expandierendes Universum (siehe Anhang A)

1.43 $\quad p \cdot dV + dE = 0$

und dann

1.44 $\quad p_\Lambda \cdot dV + d(\delta_\Lambda \cdot V) = 0$.

Damit ist

1.45 $\quad p_\Lambda = -\delta_\Lambda$

Der durch die Dunkle Energie generierte Druck im „System" Universum ist also negativ. Man kann sich die Situation wie folgt vorstellen. Mit der Expansion des Universums nimmt die Dunkle Energie proportional zum Volumen zu:

$E_\Lambda \approx V$

Damit bleibt die Dichte der Dunklen Energie konstant und nach 1.45 der generierte Druck negativ. Dadurch wir eine repulsive, nach außen und die Expansion des Universums beschleunigende, Kraft generiert.

Hinweis:

Wir haben noch nicht definiert, was wir unter der Dichte der dunklen Energie genau verstehen wollen. In die Definition muss notewendigerweise die Konstante Λ eingehen. Im Zusammenhang mit der Friedmann-Gleichung im Kapitel 2 werden wir auf dieses Thema zurückkommen.

1.9 Das unbekannte Universum

Wir fassen die wesentlichen Punkte des vorliegenden Kapitels zur Einführung in die Kosmologie zusammen. Trotz der atemberaubenden Fortschritte, die die Kosmologie innerhalb der letzten 100 Jahre durchlaufen hat, ist die Situation einigermaßen ernüchternd. Wir sind sicher, dass das Universum einen Anfang hatte und vor rund 14 Milliarden Jahren aus einem extrem kleinen, dichten und heißen Anfangszustand entstanden ist und seit dem nach dem Gesetz von Hubble expandiert. Der Photonenhintergrund, der einer Schwarzkörperstrahlung mit einer Temperatur von ziemlich exakt 2,725 K entspricht, die erstmals von Hubble entdeckte Expansion des Universums und die beobachtete Heliumhäufigkeit von ca.

25 % sind die wichtigsten Zeugnisse der Theorie vom heißen Urknall. Darüber hinaus besitzt das Universum eine flache Geometrie und expandiert infolge des Nichtverschwindens der kosmologischen Konstanten seit einem Alter von ca. 7 Milliarden Jahren beschleunigt. Siehe dazu Kapitel 5. Wir sollten aber zugestehen, dass wir über die Zusammensetzung des Universums so gut wie nichts wissen. Nur knapp 5 % der gesamten Materie- und Energiedichte bestehen aus dem uns bekannten Material, der sogenannten baryonischen Materie. Der überwiegende Teil, nämlich über 95 %, bestehen aus bis dato unbekannter Dunkler Materie in Höhe von ca. 23 % und aus der noch mysteriöseren Dunklen Energie in Höhe von gut 73 %. Das ist sicher eine sehr ernüchternde vorläufige Bilanz. Sie zeigt, dass die Kosmologie trotz gewaltiger Fortschritte eigentlich noch tief in den Kinderschuhen steckt. Und es ist nicht auszuschließen, dass uns Dunkle Materie und Dunkle Energie, wenn wir es salopp formulieren wollen, samt dem Standardmodell der Kosmologie eines Tages um die Ohren fliegen. Das soll uns aber nicht daran hindern, das Modell vorzustellen. In der Abbildung 1.2 haben wir die Anteile der unterschiedlichen Energie- und Materieanteile grafisch dargestellt. Dabei ist der Strahlungshintergrund mit etwa $8{,}2 \cdot 10^{-3}$ % vernachlässigt.

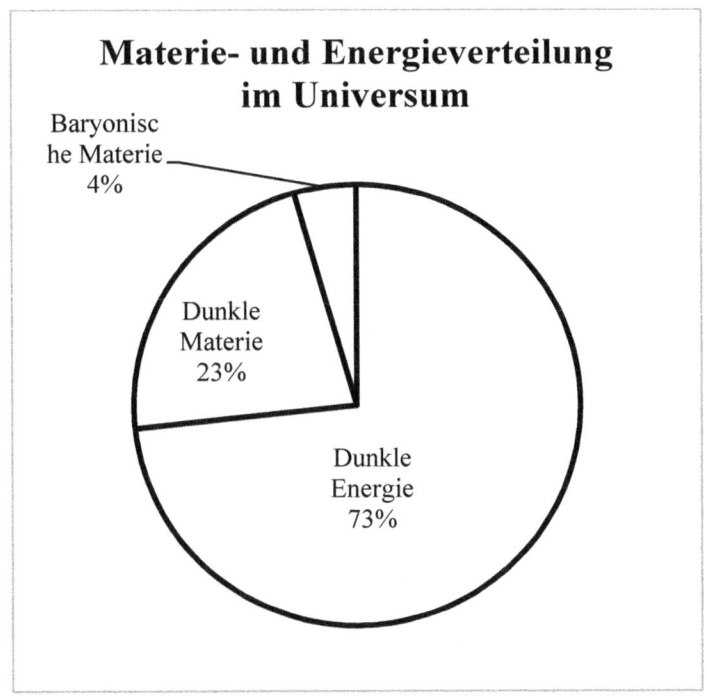

Abbildung 1.2: Materie- und Energieverteilung im Universum

2 Die kosmologischen Gleichungen

Zu den kosmologischen Gleichungen zählt man die Friedmann-Gleichung, die Strömungsgleichung und die Beschleunigungsgleichung. Im Folgenden werden wir diese Gleichungen mithilfe der klassischen newtonschen Physik herleiten. Alexander Alexandrowitsch Friedmann (1988 bis 1925) war ein russischer Physiker und Mathematiker. Er war der Erste, der aus den Feldgleichungen der Relativitätstheorie Albert Einsteins das Modell eines Universums ableitete, das expandiert und nicht statisch ist, wie man es bis dahin angenommen hatte. Die Friedmann-Gleichung ist eine Lösung der einsteinschen Feldgleichungen für ein homogenes und isotropes Universum. Die Friedmann-Gleichung beschreibt die Entwicklung des Universums unter dem Einfluss der Skalenfunktion a(t) und den kosmologischen Parametern. Unter den kosmologischen Parametern verstehen wir die im Universum vorliegende Strahlungsdichte, die Materie- bzw. Energiedichte $\delta(t)$, die kosmologische Konstante Λ und den sogenannten Krümmungsparameter k. Die Friedmann-Gleichung ist, wie eingangs festgestellt, eine Lösung der einsteinschen Feldgleichungen. Man kann die Gleichung aber auf Basis der klassischen newtonschen Physik entwickeln, sodass man auf die vergleichsweise schwierige Herleitung im Rahmen der Allgemeinen Relativitätstheorie verzichten kann[1,3].

Im Folgenden werden wir zunächst die vollständige und aus der ART resultierende Friedmann-Gleichung vorstellen.

Friedmann-Gleichung:

Sei a(t) die kosmische Skalenfunktion, $\delta(t)$ die Dichte der im Universum vorhandenen Strahlung und Materie, Λ die kosmologische Konstante und k der sogenannte Krümmungsparameter mit den Werten -1, 0 oder 1, gilt die Friedmann-Gleichung

2.1 $\quad \left(\dfrac{a'(t)}{a(t)}\right)^2 = \dfrac{8\pi G}{3}\cdot \delta(t) + \dfrac{\Lambda}{3} - \dfrac{k}{a(t)^2}$.

Herleitung:

Wir entwickeln die Gleichung auf Basis der klassischen Physik. Da der kosmologische Term eine „Erfindung" der ART ist, kann er trivialerweise von der klassischen Physik nicht vorhergesagt werden. Wir können ihn aber als Ausdruck einer zusätzlichen, abstoßenden Kraft interpretieren. Dazu kommen wir später. Zunächst beschränken wir uns deshalb auf die klassische Physik und betrachten einen kugelförmigen Ausschnitt des Universums mit dem Radius r(t). Von dem Radius r(t) nehmen wir an, dass er mit zunehmender Zeit und durch die Skalenfunktion bestimmt, gemäß

2.2 $\quad r(t) = a(t)\cdot r(t_0)$

expandiert. Dabei ist $r(t_0)$ der Radius zu einem bestimmten, in diesem Falle zum gegenwärtigen Zeitpunkt t_0. Weiter sei $\delta(t)$ die Materiedichte innerhalb der Kugel, M die in der Kugel vorhandene Masse und m eine Probemasse (Galaxie) auf der Oberfläche der Kugel. Mit diesen Voraussetzungen und dem newtonschen Gravitationsgesetz (siehe Anhang A) erhält man für die auf die Probemasse m wirkende Kraft F

2.3 $\quad F = -G\cdot \dfrac{m\cdot M}{r(t)^2} = m\cdot r''(t)$.

Nach Multiplikation mit $r'(t)$ und Division durch m folgt

$-G\cdot M\cdot \dfrac{r'(t)}{r(t)^2} = r'(t)\cdot r''(t)$.

Diese Relation ist äquivalent zu

2.4 $\quad G\cdot M\cdot \dfrac{d}{dt}\left(\dfrac{1}{r(t)}\right) = \dfrac{1}{2}\cdot \dfrac{d}{dt}\left(r'(t)^2\right)$.

Durch Integration von 2.4 erhält man

2.5 $\quad G \cdot M \cdot \dfrac{1}{r(t)} + U = \dfrac{1}{2} \cdot r'(t)^2$.

Dabei ist U die Integrationskonstante. Auf diese Gleichung kommen wir weiter unten zurück. Ersetzt man nun noch r(t) gemäß 2.2 durch

$r(t) = a(t) \cdot r(t_0)$

und M durch

$M = \dfrac{4\pi}{3} \cdot r(t)^3 \cdot \delta(t) = \dfrac{4\pi}{3} \cdot a(t)^3 \cdot r(t_0)^3 \cdot \delta(t)$,

so folgt

$\dfrac{4\pi G}{3} \cdot a(t)^2 \cdot r(t_0)^2 \cdot \delta(t) + U = \dfrac{1}{2} \cdot a'(t)^2 \cdot r(t_0)^2$

und dann

$\dfrac{8\pi G}{3} \cdot a(t)^2 \cdot \delta(t) + \dfrac{2 \cdot U}{r(t_0)^2} = a'(t)^2$

und schließlich

2.6 $\quad \dfrac{a'(t)^2}{a(t)^2} = \dfrac{8\pi G}{3} \cdot \delta(t) + \dfrac{2 \cdot U}{r(t_0)^2} \cdot \dfrac{1}{a(t)^2}$.

Den konstanten Term

$\dfrac{2 \cdot U}{r(t_0)^2}$

ersetzen wir der Konvention folgend[11] nun noch durch –k und erhalten die klassische Form der Friedmann-Gleichung ohne kosmologische Konstante

2.7 $\quad \dfrac{a'(t)^2}{a(t)^2} = \dfrac{8\pi G}{3} \cdot \delta(t) - \dfrac{k}{a(t)^2},$

wobei k die werte 0, -1 und +1 annehmen kann.

Wir kommen zurück auf die Gleichung 2.5. Wir formen um und erhalten

2.8 $\quad \dfrac{1}{2} \cdot r'(t)^2 - G \cdot M \cdot \dfrac{1}{r(t)} = U.$

Der erste Term auf der linken Seite von 2.8 entspricht der Bewegungsenergie einer Einheitsmasse als Probemasse, der zweite Term der potenziellen Energie der Probemasse. Ist U positiv, überwiegt die kinetische Energie und das Universum expandiert. Die Expansionsgeschwindigkeit geht im Zuge der kosmischen Zeit gegen einen konstanten positiven Wert. Ist U negativ, überwiegt die potenzielle Energie. Das Universum kollabiert irgendwann einmal. Halten sich beide Energien die Waage, expandiert das Universum. Die Expansionsgeschwindigkeit geht schließlich gegen null.

Die Lösungen der einsteinschen Feldgleichungen lassen, wie wir bereits wissen, einen zusätzlichen konstanten Term zu. Die Konstante Λ wird kosmologische Konstante genannt. Sie wurde von Einstein in die Feldgleichungen eingefügt, um dem damaligen Weltbild folgend ein statisches Universum zu erhalten. Sie wirkt nämlich der Gravitationskraft quasi wie eine Antischwerkraft entgegen und verhindert, dass das Universum kollabiert. Die Größe der Konstante musste so gewählt werden, dass die resultierende Kraft in der Lage war, die nach „innen" gerichtete Gravitationskraft gerade auszugleichen. Nach der Entdeckung der Expansion des Universums durch Hubble wurde die Konstante in dieser Form von Einstein verworfen. Nachdem aber im Jahre 1998 beobachtet wurde, dass das Universum beschleunigt expandiert, erlebte die Konstante ihre Renaissance. Mit einer positiven Konstante kann nämlich die beschleunigte Expansion erklärt werden. Wir kommen drauf zurück. Eine physikalische Interpretation von Λ ist aber nach wie vor nicht in Sicht[3,9].

Die Dichte δ(t) in der Friedmann-Gleichung ist zusammengesetzt aus der Materiedichte $\delta_m(t)$ und der Strahlungsdichte $\delta_r(t)$, die der ART folgend auch den Strahlungsdruck umfasst, der sich als Strahlungsenergie äußert und damit zur „Schwere" beiträgt[3]. Solange wir die Differenzierung nicht benötigen, schreiben wir weiterhin δ(t) für die Dichte von Strahlungs- und Energiedichte. Falls wir differenzieren müssen, wählen wir die entsprechenden Bezeichnungen. Mit der Differenzierung zwischen Materie- und Strahlungsdichte hat die Friedmann-Gleichung für ein flaches Universum die endgültige Form

2.9 $\quad \left(\dfrac{a'(t)}{a(t)}\right)^2 = \dfrac{8\pi G}{3} \cdot (\delta_m(t) + \delta_r(t)) + \dfrac{\Lambda}{3} - \dfrac{k}{a(t)^2}.$

Die Vorstellung von der Expansion wird dadurch radikal geändert, dass nicht die Galaxien es sind, die sich von jedem Punkt des Raumes nach dem Hubble-Gesetz entfernen, sondern, dass sich der Raum selbst ausdehnt und die Hubble-Beziehung eine Eigenschaft der expandierenden Raumzeit ist. Wir kommen darauf zurück.

Wir definieren nun noch die Dichte der dunklen Energie. Wir interpretieren dazu den kosmologischen Term neben der Materie- und Strahlungsdichte als weiteren Dichteterm δ_Λ, eben als Dichte der Dunklen Energie, indem wir diesen in der Gleichung 2.8 in die „Dichteklammer" ziehen. Damit wird

$$\left(\dfrac{a'(t)}{a(t)}\right)^2 = \dfrac{8\pi G}{3} \cdot \left(\delta_m(t) + \delta_r(t) + \dfrac{\Lambda}{8\pi G}\right) - \dfrac{k}{a(t)^2}.$$

2.10 $\quad \delta_\Lambda(t) = \dfrac{\Lambda}{8\pi G}$

interpretieren wir als Λ-Dichte oder Dichte der Dunklen Energie.

Wir leiten nun mit Unterstützung des 1. Hauptsatzes der Thermodynamik (siehe Anhang A) die sogenannte Strömungsgleichung her. Die Strömungsgleichung beschreibt die Änderung der Energiedichte in der kosmischen Zeit. Das Universum wird in diesem Zusammenhang großräumig als ein ideales Gas modelliert. In diesem Modell entsprechen die Galaxien den Molekülen des Gases. Auf dieses Modell lässt sich der erste Hauptsatz der Thermodynamik in der unter A dargestellten Form für eine adiabatische und damit reversible Expansion anwenden. Wir stellen zunächst die Gleichung vor.

Strömungsgleichung:

Sei a(t) die Skalenfunktion, die die Expansion des Universums beschreibt, $\delta(t)$ die Dichte der im Universum vorhandenen Energie und p(t) der im expandierenden System herrschende Druck, dann gilt die Strömungsgleichung

2.11 $\quad \delta'(t) + 3 \cdot \dfrac{a'(t)}{a(t)} \cdot \left(\delta(t) + \dfrac{p(t)}{c^2} \right) = 0$.

Herleitung:

Für die Herleitung der Strömungsgleichung verwenden wir den 1. Hauptsatz der Thermodynamik. Bei der Expansion des Universums handelt es sich um eine adiabatische Expansion[4]. Wir können damit den Hauptsatz in der Form gemäß Anhang A anwenden. Danach ist

2.12 $\quad dE + p \cdot dV = 0$.

Sei nun wieder $r(t) = a(t) \cdot r(t_0)$ der Radius eines kugelförmigen Ausschnittes des Universums und m in diesem Fall die Galaxienmasse innerhalb der Kugel. Wir berechnen das Volumen der Kugel. Es ist

$$V = \frac{4\pi}{3} \cdot r(t)^3 = \frac{4\pi}{3} \cdot a(t)^3 \cdot r(t_0)^3.$$

Mit $E = mc^2$ und $m = V \cdot \delta(t)$ folgt

$$E = mc^2 = \frac{4\pi}{3} \cdot a(t)^3 \cdot r(t_0)^3 \cdot \delta(t) \cdot c^2.$$

Die Ableitung von E nach t ergibt

$$\frac{dE}{dt} = 4\pi \cdot r(t_0)^3 \cdot c^2 \cdot a(t)^2 \cdot a'(t) \cdot \delta(t) + \frac{4\pi}{3} \cdot r(t_0)^3 \cdot c^2 \cdot a(t)^3 \cdot \delta'(t)$$

und von V nach t

$$\frac{dV}{dt} = 4\pi \cdot r(t_0)^3 \cdot a(t)^2 \cdot a'(t) .$$

Wir gehen mit beiden Ergebnissen in die Gleichung 3.12. Wir können dabei $r(t_0)^3$ ausklammern und erhalten

$$\frac{dV}{dt} = \frac{dE}{dt} + p(t) \cdot \frac{dV}{dt}$$

$$= 4\pi \cdot c^2 \cdot a(t)^2 \cdot a'(t) \cdot \delta(t) + \frac{4\pi}{3} \cdot c^2 \cdot a(t)^3 \cdot \delta'(t) + 4\pi \cdot p(t) \cdot a(t)^2 \cdot a'(t)$$

$$= \frac{4\pi}{3} \cdot c^2 \cdot \left(3 \cdot a(t)^2 \cdot a'(t) \cdot \delta(t) + a(t)^3 \cdot \delta'(t) + 3 \cdot a(t)^2 \cdot a'(t) \cdot \frac{p(t)}{c^2} \right)$$

$$= \frac{4\pi}{3} \cdot c^2 \cdot a(t)^3 \cdot \left(3 \cdot \frac{a'(t)}{a(t)} \cdot \delta(t) + \delta'(t) + 3 \cdot \frac{a'(t)}{a(t)} \cdot \frac{p(t)}{c^2} \right) = 0 .$$

Das ist die eingangs formulierte Strömungsgleichung

$$\delta'(t) + 3 \cdot \frac{a'(t)}{a(t)} \cdot \left(\delta(t) + \frac{p(t)}{c^2} \right) = 0 .$$

Wir kommen zur dritten der kosmologischen Gleichungen, zur Beschleunigungsgleichung. Sie lässt sich ohne weitere Annahmen unmittelbar aus der Friedmann-Gleichung und der Strömungsgleichung ableiten. Die Beschleunigungsgleichung macht eine Aussage über das Verhalten der Expansionsgeschwindigkeit.

Beschleunigungsgleichung:

Sei a(t) die Skalenfunktion, die die Expansion des Universums beschreibt, δ(t) die Dichte der im Universum vorhandenen Energie, Λ die kosmologische Konstante und p(t) der Druck, der im expandierenden System herrscht, dann heißt

2.13 $\quad \dfrac{a''(t)}{a(t)} = -\dfrac{4\pi}{3} \cdot \left(\delta(t) + \dfrac{3 \cdot p(t)}{c^2} \right) + \dfrac{\Lambda}{3}$

kosmologische Beschleunigungsgleichung.

Herleitung:

Für die Herleitung wird die Friedmann-Gleichung mit $a(t)^2$ multipliziert. Aus

$$\left(\dfrac{a'(t)}{a(t)} \right)^2 = \dfrac{8\pi G}{3} \cdot \delta(t) + \dfrac{\Lambda}{3} - \dfrac{k}{a(t)^2}$$

wird also

2.14 $\quad a'(t)^2 = \dfrac{8\pi G}{3} \cdot \delta(t) \cdot a(t)^2 + \dfrac{\Lambda}{3} \cdot a(t)^2 - k$.

2.14 leiten wir nun nach t ab. Es folgt

$2 \cdot a'(t) \cdot a''(t)$

$= \dfrac{8\pi G}{3} \cdot (2 \cdot a(t) \cdot a'(t) \cdot \delta(t) + a(t)^2 \cdot \delta'(t)) + 2 \cdot \dfrac{\Lambda}{3} \cdot a(t) \cdot a'(t)$

und nach Division durch $2 \cdot a(t) \cdot a'(t)$

$\dfrac{a''(t)}{a(t)} = \dfrac{8\pi G}{3} \cdot (\delta(t) + \delta'(t) \cdot \dfrac{a(t)}{2 \cdot a'(t)}) + \dfrac{\Lambda}{3}$

$$= \frac{4\pi G}{3} \cdot (2 \cdot \delta(t) + \delta'(t) \cdot \frac{a(t)}{a'(t)}) + \frac{\Lambda}{3}$$

Ersetzt man nun $\delta'(t)$ durch

2.15 $\quad \delta'(t) = -3 \cdot \frac{a'(t)}{a(t)} \cdot \left(\delta(t) + \frac{p(t)}{c^2} \right)$

aus der Strömungsgleichung, so wird

$$\frac{a''(t)}{a(t)} = \frac{4\pi G}{3} \cdot \left(2 \cdot \delta(t) - 3 \cdot \frac{a'(t)}{a(t)} \cdot \left(\delta(t) + \frac{p(t)}{c^2} \right) \cdot \frac{a(t)}{a'(t)} \right) + \frac{\Lambda}{3}$$

$$= \frac{4\pi G}{3} \cdot \left(-\delta(t) - 3 \cdot \frac{p(t)}{c^2} \right) + \frac{\Lambda}{3}$$

$$= -\frac{4\pi G}{3} \cdot \left(\delta(t) + \frac{3 \cdot p(t)}{c^2} \right) + \frac{\Lambda}{3}.$$

Das ist die Beschleunigungsgleichung 2.13.

Wir kommen abschließend auf die klassische Interpretation der kosmologischen Konstanten. Wir multiplizieren dazu die Beschleunigungsgleichung mit $a(t)$ und erhalten

2.16 $\quad a''(t) = -\frac{4\pi G}{3} \cdot \left(\delta(t) + \frac{3 \cdot p(t)}{c^2} \right) \cdot a(t) + \frac{\Lambda}{3} \cdot a(t).$

Wir erinnern an das Bild der expandierenden Kugel, das wir für die Herleitung der Friedmann-Gleichung benutzt haben und beobachten die Bewegung einer Probemasse, die wir uns auf der Oberfläche der Kugel vorstellen. Wie wir wissen, generiert der im System herrschende Druck Energie und damit Gravitation. Die sich insgesamt gravitativ äußernde Energiedichte ist dann

2.17 $\quad \frac{M}{V} = \frac{3 \cdot M}{4\pi \cdot a(t)^3 \cdot r(t_0)^3} = \delta(t) + \frac{3 \cdot p(t)}{c^2}.$

Wir setzen in 2.17 ohne Beschränkung der Allgemeinheit $r(t_0) = 1$ und erhalten

2.18 $\quad \dfrac{M}{V} = \dfrac{3 \cdot M}{4\pi \cdot a(t)^3} = \delta(t) + \dfrac{3 \cdot p(t)}{c^2}$.

Wir gehen nun mit 2.18 in die Gleichung 2.16 und erhalten

2.19 $\quad a''(t) = -\dfrac{G \cdot M}{a(t)^2} + \dfrac{\Lambda}{3} \cdot a(t)$.

Wir interpretieren 2.19 mithilfe des newtonschen Beschleunigungsgesetzes (siehe Anhang A). Eine auf der Oberfläche der modellierten Kugel befindliche Probemasse erfährt danach eine Beschleunigung $a''(t)$ und „fühlt" dabei zwei entgegengesetzt wirkende Kräfte, und zwar die anziehende gravitative Kraft

2.20 $\quad F_g = -\dfrac{G \cdot M}{a(t)^2}$

und die repulsive Kraft

2.21 $\quad F_\Lambda = \dfrac{\Lambda}{3} \cdot a(t)$,

die bei positivem Lambda mit wachsendem Skalenwert linear zunimmt. Die kosmologische Konstante lässt sich also als repulsive, mit der kosmischen Skalenfunktion linear zunehmende, Kraft interpretieren.

3 Friedmann-Modelle des Universums

Die Physik benutzt Modelle, das heißt Bilder, um der physikalischen Realität möglichst nahe zu kommen. Dieser Ansatz basiert auf der Erkenntnis, dass die Dinge nicht notwendig so sind, wie sie unsere Gehirne uns „vorgaukeln". Die moderne Physik hat für diese Einsicht eine Menge von Beispielen parat. Dazu zählen nicht zuletzt die Erkenntnisse der Relativitätstheorie, die mit unserer Alltagserfahrung und einem auf dieser basierenden naiven Realitätsverständnis nicht zu vereinbaren ist, ganz zu schweigen von den Ergebnissen der Quantenphysik. In diesem Sinne ist auch das, was wir von unserem Universum zu wissen glauben, nur ein Modell. Wie wir bereits wissen, beruht dieses Modell, das das Universum als Ganzes modelliert, auf den Feldgleichungen der Relativitätstheorie Einsteins. Die kosmologischen Gleichungen, die wir im Kapitel 2 kennengelernt haben, sind Lösungen dieser Feldgleichungen unter der Annahme eines homogenen und isotropen Universums. Modelle erlauben es, mit mathematischen Mitteln Vorhersagen zu treffen. Wir gehen davon aus, dass das Modell der Realität nahe kommt, wenn es einerseits in der Lage ist, beobachtete Sachverhalte zu erklären und andererseits Vorhersagen des Modells durch Beobachtungen verifiziert werden können. Die in der Friedmann-Gleichung noch freien Parameter wie die Strahlungsdichte, die Materiedichte, die Krümmung und der Wert der kosmologische Konstante werden durch Beobachtungen ermittelt bzw. geschätzt oder auch durch theoretische Überlegungen in ihrem Wertebereich eingeschränkt. Daraus ergeben sich dann konkrete Weltmodelle. Das gegenwärtig die Situation wohl am besten modellierende ist das sogenannte Standardmodell der Kosmologie, das auch als Referenzmodell bezeichnet wird. Im vorliegenden Kapitel stellen wir dieses Modell vor, gehen aber auch auf ein weiteres Modell ein, das als Einstein de Sitter-Modell bezeichnet wird. Wir verwenden es ausschließlich als Erklärungsmodell für einige Sachverhalte, insbesondere im Zusammenhang mit der inflationären Entwicklung des Universums. Zunächst besprechen wir aber Eigenschaften, die für alle Friedmann-Modellen gelten. Wir beginnen mit der Interpretation der Hubble-Expansion als

Eigenschaft der Raumzeit und definieren die Größen Hubble-Zeit und Hubble-Radius. Anschließend legen wir fest, was wir unter der kritischen Dichte verstehen und leiten daraus die Dichteparameter für die unterschiedlichen Energiearten ab, für die Strahlung, die Materie und die Dunkle Energie. Dann gehen wir auf eine allgemeine Gesetzmäßigkeit zwischen der Dichte und dem Skalenparameter ein und kommen so schließlich zu den sogenannten Zustandsgleichungen. Mit diesem Werkzeug ausgestattet, gehen wir in die Friedmann-Gleichung. In diese gehen dann nur noch die Dichteparameter und die Hubble-Konstante der gegenwärtigen Epoche sowie die Skalenfunktion und der Krümmungsparameter ein. Wenn wir dann noch die sogenannte Rotverschiebung eingeführt haben, können wir schlussendlich die beiden Modelle zusammenfassend darstellen. Dabei gehen wir auf die wesentlichen Unterschiede ein, um die Verwendung des Einstein de Sitter-Modells für die Erklärung bestimmter Phänomene rechtfertigen zu können.

3.1 Das Universum als Raumzeit

Sei $r(t_0)$ die Entfernung einer Galaxie bei t_0, dann folgt aus der Definition der kosmischen Skalenfunktion für die Entfernung bei t

3.1 $\quad r(t) = a(t) \cdot r(t_0)$

und für die Entfernung bei $t + \Delta t$

$r(t + \Delta t) = a(t + \Delta t) \cdot r(t_0)$.

Zusammen ist

$$\frac{r(t + \Delta t) - r(t)}{\Delta t} = \frac{a(t + \Delta t) - a(t)}{\Delta t} \cdot r(t_0) = \frac{a(t + \Delta t) - a(t)}{\Delta t} \cdot \frac{r(t)}{a(t)}.$$

Mit $\Delta t \to 0$ folgt

3.2 $\quad v(t) = a'(t) \cdot \frac{r(t)}{a(t)} = \frac{a'(t)}{a(t)} \cdot r(t)$.

Daraus folgt

3.3 $\quad v(t) = H(t) \cdot r(t)$.

Für t_0 folgt aus 3.3

3.4 $\quad v_0 = H_0 \cdot r_0$.

Das ist das von Hubble entdeckte Geschwindigkeit-Distanz-Gesetz, das später nach ihm benannt wurde.

3.2 Die Hubble-Zeit

Die Hubble-Zeit, auch Hubble-Time t_{H_0} ist der Kehrwert der Hubble-Konstanten

3.5 $\quad t_{H_0} = \dfrac{1}{H_0}$.

Für die Hubble-Zeit in Jahren folgt mit

$c \approx 10^5 \dfrac{km}{s}$ und $1\,Mpc \approx 3{,}262 \cdot 10^6 \, L\,j$

$t_{H_0} = \dfrac{1}{H_0} = \dfrac{1}{h} \cdot \left[\dfrac{s \cdot Mpc}{km}\right] \approx \dfrac{1}{h} \cdot 3 \cdot 3{,}262 \cdot 10^{11}$, also

3.6 $\quad t_{H_0} \approx 9{,}786 \cdot h^{-1}\, MrdJ$

und nach Auflösung von h mit $h \approx 0{,}71$

3.7 $\quad t_{H_0} \approx 13{,}8\, MrdJ$.

Im letzten Abschnitt hatten wir die Hubble-Beziehung als eine Eigenschaft des expandierenden Raumes ausgemacht, die zu jeder Zeit gilt. Entsprechend lässt sich auch die Hubble-Zeit als Funktion der Zeit definieren

3.8 $\quad t_H(t) = \dfrac{1}{H(t)}$.

3.3 Der Hubble-Radius

Der Hubble-Radius r_{H_0} ist die aus dem Hubble-Gesetz abgeleitete Distanz, bei der die Fluchtgeschwindigkeit bzw. Expansionsgeschwindigkeit der Lichtgeschwindigkeit entspricht. Es gilt

3.9 $\quad r_{H_0} = \dfrac{c}{H_0}$.

Unter Ausnutzung der Hubble-Zeit t_{H_0} ist

3.10 $\quad r_{H_0} = c \cdot t_{H_0}$.

Mit der Hubble-Zeit gemäß 3.8 erhält man

3.11 $\quad r_{H_0} \approx 9{,}786 \cdot h^{-1}$ MrdLj

und nach Auflösung von h

3.12 $\quad r_{H_0} \approx 13{,}8$ MrdLj.

In Analogie zur Hubble-Zeit können wir auch den Hubble-Radius allgemein als Funktion der Zeit auffassen. Es ist also

3.13 $\quad r_{H(t)} = \dfrac{c}{H(t)}$.

3.4 Die kritische Dichte

Die kritische Dichte ist die Dichte, die zu einem flachen Universum führt. In einem flachen Friedmann-Universum verschwindet der Krümmungsparameter, k ist also null. Wir bezeichnen die kritische Dichte mit δ_c. Aus Beobachtungen wissen wir, dass das reale Universum tatsächlich nahezu flach ist. Friedmann-Modelle, die ohne kosmologische Konstante sind, sagen ein für alle Zeiten expandierendes Universum vorher, wenn ihre Dichte kleiner oder gleich dieser „kritischen" Dichte ist. Ist ihre Gesamtdichte größer als die kritische Dichte, dann kollabieren sie eines Tages. In Friedmann-Universen mit einer positiven kosmologischen Konstante ist die Situation nicht ganz so einfach[1]. Das heißt, es gibt Konstellationen der kosmologischen Parameter, wenn auch relativ pathologische, die zu einem kollabierenden flachen Universum führen. Wir leiten nun die kritische Dichte aus der Friedmann-Gleichung her. Es gilt

3.14 $\quad H(t)^2 = \frac{8\pi G}{3} \cdot (\delta_m(t) + \delta_r(t)) + \frac{\Lambda}{3} - \frac{k}{a(t)^2}$.

Mit der Dichte der Dunklen Energie (siehe 2.10)

3.15 $\quad \delta_\Lambda = \frac{\Lambda}{8\pi G}$

wird aus 3.14

3.16 $\quad H(t)^2 = \frac{8\pi G}{3} \cdot (\delta_m(t) + \delta_r(t) + \delta_\Lambda) - \frac{k}{a(t)^2}$

Für k=0 folgt für die kritische Dichte δ_c

3.17 $\quad \delta_c(t) = \frac{3 \cdot H(t)^2}{8\pi G}$

und

3.18 $\quad \delta_c(t) = \delta_m(t) + \delta_r(t) + \delta_\Lambda(t)$.

Für die gegenwärtige Epoche t_0 schreiben wir

3.19 $\quad \delta_{c,0} = \frac{3 \cdot H_0^2}{8\pi G}$.

Wir berechnen die kritische Dichte bei t_0. Mit $H_0 = 100 \cdot h$ km·s^{-1}·Mpc^{-1}, $G = 6{,}67428 \cdot 10^{-11}$ m^3·kg^{-1}·s^{-2} (siehe Anhang B) folgt nach Umrechnung von Mpc in m (siehe Anhang B)

3.20 $\quad \delta_{c,0} \approx 1{,}88 \cdot 10^{-26} \cdot h^2$ kg·m^{-3}

und nach Auflösung von h mit h=0,71

3.21 $\quad \delta_{c,0} \approx 9{,}5 \cdot 10^{-27} \approx 10^{-26}$ kg·m^{-3}.

3.5 Die Dichteparameter

Die Definition des Dichteparameters haben wir bereits im Kapitel 1 kennengelernt. Während wir dort ausschließlich die gegenwärtige Epoche betrachtet haben, fassen wir die Definition nun etwas weiter und definieren die Dichteparameter in Abhängigkeit von der kosmischen Zeit für jede kosmische Epoche t. Es handelt sich dabei um eine rein definitorische Angelegenheit, die im Weiteren aber gute Dienste leistet. Wir erinnern uns zunächst an die im letzten Abschnitt eingeführte kritische Dichte $\delta_c(t)$ mit

3.22 $\quad \delta_c(t) = \dfrac{3 \cdot H(t)^2}{8\pi G}$.

Wir definieren nun die Dichteparameter für die Strahlung, die Materie und die Dunkle Energie als Quotient zwischen Energiedichte und kritischer Dichte und bezeichnen diese in der genannten Reihenfolge mit $\Omega_r(t)$, $\Omega_m(t)$ und $\Omega_\Lambda(t)$. Es ist also

3.23 $\quad \Omega_r(t) = \dfrac{\delta_r(t)}{\delta_c(t)}$,

3.24 $\quad \Omega_m(t) = \dfrac{\delta_m(t)}{\delta_c(t)}$,

3.25 $\quad \Omega_\Lambda(t) = \dfrac{\delta_\Lambda(t)}{\delta_c(t)}$.

Aus 3.18 folgt für ein flaches Universum

3.26 $\quad \Omega_r(t) + \Omega_m(t) + \Omega_\Lambda(t) = 1$.

Für die gegenwärtige Epoche t_0 benutzen wir die Abkürzungen

3.27 $\quad \Omega_{r,0} = \Omega_r(t_0)$, $\Omega_{m,0} = \Omega_m(t_0)$ und $\Omega_{\Lambda,0} = \Omega_\Lambda(t_0)$.

Wir befassen uns kurz mit den Werten der Dichteparameter. Über den Wert des Dichteparameters der Strahlung ist man sich dabei noch am sichersten. Er basiert auf der Messung der kosmischen Hintergrundstrahlung, die inzwischen sehr exakt ist und auf der gut verstandenen Physik der Schwarzkörperspektren, mit deren Instrumentarium die Strahlungsdichte sehr exakt berechnet werden kann. Wir kommen auf die Berechnung des Dichteparameters im nächsten Kapitel zurück, wenn wir uns mit der kosmischen Hintergrundstrahlung beschäftigen. Der Wert des Dichteparameters wir mit

3.28 $\quad \Omega_{r,0} \approx 4{,}15 \cdot 10^{-5} \cdot h^{-2}$

angegeben.

Schranken für den Dichteparameter der baryonischen Materie ergeben sich aus der Theorie der primordialen Nukleosynthese, die die Bildung der ersten leichten Atomkerne, wie beispielsweise Helium, innerhalb der ersten Minuten nach dem Urknall beschreibt[1,11]. Für den daraus resultierenden Mittelwert gilt

3.29 $\quad \Omega_{b,0} \approx 0{,}02 \cdot h^{-2}$.

Die Dunkle Materie macht naturgemäß auch in diesem Kontext die größten Schwierigkeiten. Sie kann bis dato nur aufgrund ihrer gravitativen Wirkung, also nur indirekt geschätzt werden. Der Dichteparameter für die gesamte Materie, also für die baryonische und die Dunkle Materie zusammen wird angegeben mit

3.30 $\Omega_{m,0} \approx 0{,}27$.

Bringt man 3.30 in die Form, wie wir sie für die anderen Dichteparameter verwendet haben, so ist

3.31 $\Omega_{m,0} \approx 0{,}136 \cdot h^{-2}$.

Die Dunkle Energie ergibt sich damit rein rechnerisch

$\Omega_{\Lambda,0} = 1 - \Omega_{r,0} - \Omega_{m,0} \approx 1 - 0{,}136 \cdot h^{-2}$ und damit

3.32 $\Omega_{\Lambda,0} \approx 0{,}73$.

Der Anteil der Materiedichte an der kritischen Dichte beträgt also etwa 27 %. Daran sind die Dunkle Materie mit etwa 23 % und die „normale" baryonische Materie mit etwa 4 % beteiligt. Von der dunklen Materie ist, wie wir wissen, noch nicht bekannt, wie sie sich zusammensetzt. Damit bestehen gut 85 % der insgesamt im Universum vorhandenen Materie aus einem unbekannten „Stoff".

Im Ergebnis ist in unserer Epoche die Strahlungsdichte im Vergleich zur Materiedichte vernachlässigbar. Dass das nicht immer so war, werden wir noch sehen.

3.33 $\Omega_{\Lambda,0} \approx 0{,}73$.

Interessant ist durchaus die Frage, wie groß eigentlich die kosmologische Konstante ist. Wir berechnen ihren Wert aus dem Dichteparameter der Dunklen Energie. Per definitionem ist

$$\Omega_\Lambda(t) = \frac{\delta_\Lambda}{\delta_c(t)} .$$

Mit

$$\delta_\Lambda = \frac{\Lambda}{8\pi G}$$

und

$\delta_{c,0} \approx 1{,}88 \cdot 10^{-26} \cdot h^2$

ist

3.34 $\Lambda = 8 \cdot \pi \cdot G \cdot \Omega_{\Lambda,0} \cdot \delta_{c,0}$.

Im Ergebnis ist

3.35 $\Lambda \approx 10^{-35} \cdot s^{-2}$.

3.6 Energiedichte und Skalenparameter

Im vorliegenden Abschnitt leiten wir den Zusammenhang zwischen der Energiedichte $\delta(t)$ und dem Skalenparameter a(t) her. Wir wissen bereits, dass die Energiedichte mit der Expansion des Universums, also mit der Zeit, abnimmt. Der Zusammenhang zwischen der Dichte und dem Skalenwert liefert deshalb letztlich auch die Abhängigkeit des Skalenparameters von der Zeit. Diese Abhängigkeit werden wir allerdings erst später kennenlernen. Der Zusammenhang zwischen der Dichte und dem Skalenparameter wird vom Zustand des Universums bestimmt. Dabei wird zwischen drei Zuständen differenziert, zwischen dem strahlungsdominierten, dem materiedominierten und dem Λ-dominierten. Unter dem Λ-dominierten Zustand verstehen wir den durch die Dunkle Energiedominierten. Das Universum, genauer der Zustand des Universums, heißt auch strahlungsdominiert, wenn die Strahlung über die anderen Energie- und Materieformen dominiert, materiedominiert, wenn die Materie dominiert und Λ-dominiert, wenn die Dunkle Energie dominiert.

Die Zustände werden durch die sogenannten Zustandsgleichungen beschrieben, die wir im nächsten Abschnitt kennenlernen. Diese bringen den Druck, der im expandierenden System herrscht, in die Abhängigkeit von der Energiedichte. Bevor wir diesen Zusammenhang im nächsten Abschnitt ableiten, wird im vorliegenden die Abhängigkeit zwischen der Energiedichte und dem kosmischen Skalenparameter allgemein, das heißt für alle Zustände, dargestellt. Wir gehen aus von der Strömungsgleichung

3.36 $\quad \delta'(t) + 3 \cdot \dfrac{a'(t)}{a(t)} \cdot \left(\delta(t) + \dfrac{p(t)}{c^2} \right) = 0$.

Wir formen um und erhalten

3.37 $\quad \dfrac{\delta'(t)}{\delta(t) + \dfrac{p(t)}{c^2}} = -3 \cdot \dfrac{a'(t)}{a(t)}$.

Man weiß, dass der Druck sich proportional zur Energiedichte verhält[11]. Wir bezeichnen den Proportionalitätsfaktor mit α und erhalten

3.38 $\quad p(t) = \alpha \cdot c^2 \cdot \delta(t)$.

Mit diesem Ansatz gehen wir in die Relation 3.42 und bekommen

3.39 $\quad \dfrac{\delta'(t)}{\delta(t)} = -3 \cdot (1+\alpha) \cdot \dfrac{a'(t)}{a(t)}$.

Eine Lösung dieser Gleichung finden wir durch Integration über t

3.40 $\quad \int \dfrac{\delta'(t)}{\delta(t)} \cdot dt = -3 \cdot (1+\alpha) \cdot \int \dfrac{a'(t)}{a(t)} \cdot dt$.

Im Ergebnis gilt der folgende allgemeine Zusammenhang zwischen der Energiedichte und dem Skalenparameter

3.41 $\quad \delta(t) \approx a(t)^{-3 \cdot (1+\alpha)}$.

Die Aufgabe, mit der wir uns im folgenden Abschnitt beschäftigen, besteht nun darin, die Konstante α für die verschiedenen Zustände des Universums zu bestimmen. Als Ergebnis erhalten wir dann die sogenannten Zustandsgleichungen.

3.7 Die Zustandsgleichungen

Der im System des expandierenden Universums herrschende Druck beeinflusst die Dynamik der Expansion in Abhängigkeit vom Zustand des

Systems. Der Zustand wird durch die sogenannten Zustandsgleichungen beschrieben. Im Prinzip bestimmen sie die Proportionalitätskonstante α aus dem letzten Abschnitt mit

3.42 $\quad p(t) = \alpha \cdot c^2 \cdot \delta(t)$

bzw.

3.43 $\quad \dfrac{p(t)}{c^2} = \alpha \cdot \delta(t)$.

Für die Herleitung der Zustandsgleichungen für ein aus Strahlung bzw. aus Materie bestehendes Universum stützen wir uns auf die ideale Gasgleichung und den Gleichverteilungssatz (siehe Anhang A). Die Berechtigung für die Anwendung dieser physikalischen Gesetzmäßigkeiten leitet sich aus der Tatsache ab, dass das Universum in der Frühphase aus einem Gas relativistischer Teilchen bestand[3]. Dieses Modell lässt sich aber auch, wie bereits bei der Herleitung der Strömungsgleichung, auf ein vorrangig aus Materie bestehendes Universum anwenden. In diesem Fall werden die Galaxien durch die Gasmoleküle modelliert[3]. Wir gehen nun die einzelnen Zustände der Reihe nach durch.

Strahlungsdominierter Zustand:

Wir benutzten die ideale Gasgleichung (siehe Anhang A)

3.44 $\quad p \cdot V = n \cdot k_B \cdot T$

mit dem im System herrschenden Druck p, dem Volumen V, der Anzahl n der Gasmoleküle im Volumen, der Temperatur T und der Boltzmann-Konstanten k_B und den Gleichverteilungssatz (siehe Anhang A)

3.45 $\quad \dfrac{1}{2} \cdot m \cdot v^2 = \dfrac{3}{2} \cdot k_B \cdot T$,

wobei m die durchschnittliche Masse eines Teilchens und v die mittlere Geschwindigkeit der Teilchen ist. Aus beiden Gleichungen folgt

3.46 $\quad \dfrac{p}{c^2} = \dfrac{1}{3} \cdot \delta \cdot \left(\dfrac{v}{c}\right)^2.$

Wir betrachten nun ein von elektromagnetischer Strahlung oder allgemeiner, ein von relativistischen Teilchen ausgefülltes Universum. In diesem wird aus 3.51 mit $v = c$

$$\dfrac{p}{c^2} = \dfrac{1}{3} \cdot \delta.$$

Damit lautet die Zustandsgleichung für Strahlung

3.47 $\quad p = \dfrac{1}{3} \cdot \delta \cdot c^2.$

Es ist also $\alpha = \dfrac{1}{3}$ und damit

3.48 $\quad \delta_r(t) \approx a(t)^{-3(1+\alpha)} = a(t)^{-4}.$

Daraus ergibt sich unmittelbar

3.49 $\quad \delta_r(t) = \delta_{r,0} \cdot \dfrac{1}{a(t)^4}.$

Materiedominierter Zustand:

Wir betrachten den materiedominierten Zustand. Die Gasmoleküle repräsentieren nun die Galaxien. Die lokale Geschwindigkeit von Galaxien liegt in der Größenordnung von ca. 600 km·s^{-1} (siehe zum Beispiel bei Goeke[4]), sodass

$$\dfrac{p}{c^2} = \dfrac{1}{3} \cdot \delta \cdot \left(\dfrac{v}{c}\right)^2 \approx 10^{-6} \cdot \delta$$

gilt. $p \cdot c^{-2}$ ist damit gegenüber der Materiedichte vernachlässigbar. Die Materie verursacht keinen Druck im System. α ist gleich null und die Zustandsgleichung für Materie lautet

3.50   p=0

Aus der Relation $\delta(t) \approx a(t)^{-3(1+\alpha)}$ folgt mit $\alpha = 0$

3.51 $\delta_m(t) \approx a(t)^{-3(1+\alpha)} = a(t)^{-3}$

und schließlich

3.52 $\delta_m(t) = \delta_{m,0} \cdot \dfrac{1}{a(t)^3}$.

Hinweis:

Diese Relation haben wir bereits intuitiv bei der Herleitung der Friedmann-Gleichung verwendet. Bei einem ausschließlich aus Materie bestehenden Universum ist sie trivial, bei anderen Energieformen, wie wir gesehen haben und im Folgenden noch sehen werden, keineswegs. Wir klären nun noch die Situation in einem von der Dunklen Energie beherrschten Universum.

Λ - dominierter (von der Dunklen Energie dominierter) Zustand:

Für die Herleitung der Zustandsgleichung für die Dunkle Energieverwenden wir die Friedmann-Gleichung und die Beschleunigungsgleichung mit

3.53 $a'(t) = a''(t) = 0$.

Die Forderung ergibt sich aus der ursprünglichen Intension Einsteins, der ein statisches Universum postuliert hat. Aus der Friedmann-Gleichung

3.54 $\left(\dfrac{a'(t)}{a(t)}\right)^2 = \dfrac{8\pi G}{3} \cdot \delta(t) + \dfrac{\Lambda}{3}$

wird mit $a'(t) = 0$

3.55 $\quad \delta(t) = -\dfrac{\Lambda}{8\pi G}$.

Aus der Beschleunigungsgleichung

3.56 $\quad \dfrac{a''(t)}{a(t)} = -\dfrac{4\pi G}{3} \cdot \left(\delta(t) + \dfrac{3 \cdot p(t)}{c^2} \right) + \dfrac{\Lambda}{3}$

folgt mit $a''(t) = 0$

$$0 = -\dfrac{4\pi G}{3} \cdot \left(\delta(t) + \dfrac{3 \cdot p(t)}{c^2} \right) + \dfrac{\Lambda}{3}.$$

Wir formen um und erhalten

3.57 $\quad \dfrac{1}{2} \cdot \left(\delta(t) + \dfrac{3 p(t)}{c^2} \right) = \dfrac{\Lambda}{8\pi G}$.

Geht man nun mit 3.57 in die Gleichung 3.55, so folgt

3.58 $\quad p(t) = -c^2 \cdot \delta(t)$.

Damit ist $\alpha = -1$ und

3.59 $\quad \delta_\Lambda(t) \approx a(t)^{-3(1+\alpha)} = 1$.

Die Dichte der Dunklen Energie ist also konstant. Wir haben bereits früher schon festgestellt, dass eine konstante Energiedichte einen negativen Druck erzeugt und damit eine abstoßende Gravitation. Genau das wollte Einstein auch erreichen, eine abstoßende Kraft, die das Universum daran hindert, zu kollabieren.

3.8 Die Friedmann-Gleichung mit Dichteparametern

In diesem Abschnitt gehen wir mit den Dichteparametern in die Friedmann-Gleichung. Dadurch erhalten wir eine sehr übersichtliche Form der Gleichung, die bei den noch folgenden Diskussionen wertvolle Hilfe leistet. In einem zweiten Schritt nutzen wir die Abhängigkeit der Dichten von den aktuellen Werten, wie wir sie unter 3.7 aus den Zustandsgleichungen abgeleitet haben. Damit führen wir die Friedmann-Gleichung auf zumindest grundsätzlich messbare Größen zurück. Wir gehen zunächst mit

3.60 $\quad \Omega(t) = \Omega_r(t) + \Omega_m(t) + \Omega_\Lambda(t)$

in die Friedmann-Gleichung

3.61 $\quad H(t)^2 = \dfrac{8\pi G}{3} \cdot \delta(t) - \dfrac{k}{a(t)^2}$.

Es folgt

$$H(t)^2 = \dfrac{8\pi G}{3} \cdot \left(\delta_r(t) + \delta_m(t) + \delta_\Lambda(t)\right) - \dfrac{k}{a(t)^2}$$

$$= \dfrac{8\pi G}{3} \cdot \Omega(t) \cdot \delta_c(t) - \dfrac{k}{a(t)^2} = \Omega(t) \cdot H(t)^2 - \dfrac{k}{a(t)^2}$$

und nach Division durch $H(t)^2$

3.62 $\quad \Omega(t) - 1 = \dfrac{k}{H(t)^2 \cdot a(t)^2}$.

Nach Ausformulierung des Dichteparameters ist schließlich

3.63 $\quad \Omega_r(t) + \Omega_m(t) + \Omega_\Lambda(t) - 1 = \dfrac{k}{H(t)^2 \cdot a(t)^2}$.

Wir werden nun die von der Zeit abhängigen Dichteparameter auf die der gegenwärtigen Epoche zurückführen. Das hat den Vorteil, dass beobachtbare Größen – zumindest grundsätzlich beobachtbare – in die Gleichung einfließen. Zunächst erinnern wir an die Abhängigkeit zwischen Dichte und Skalenparameter für die unterschiedlichen Zustände des Universums. Es ist

3.64 $\quad \delta_r(t) = \dfrac{\delta_{r,0}}{a(t)^4}$, $\delta_m(t) = \dfrac{\delta_{m,0}}{a(t)^3}$ und $\delta_\Lambda(t) = \delta_{\Lambda,0}$.

Damit gehen wir nun in die Friedmann-Gleichung. Es folgt

$$H(t)^2 = \dfrac{8\pi G}{3} \cdot (\delta_r(t) + \delta_m(t) + \delta_\Lambda(t)) - \dfrac{k}{a(t)^2}$$

$$= \dfrac{8\pi G}{3} \cdot (\delta_{r,0} \cdot a(t)^{-4} + \delta_{m,0} \cdot a(t)^{-3} + \delta_{\Lambda,0}) - \dfrac{k}{a(t)^2}$$

und unter Ausnutzung der Dichteparameter

$$\Omega_{r,0} = \dfrac{\delta_{r,0}}{\delta_{c,0}} , \quad \Omega_{m,0} = \dfrac{\delta_{m,0}}{\delta_{c,0}} , \quad \Omega_{\Lambda,0} = \dfrac{\delta_{\Lambda,0}}{\delta_{c,0}}$$

und der kritischen Dichte

$$\delta_{c,0} = \dfrac{3 \cdot H_0^2}{8\pi G}$$

3.65 $\quad H(t)^2 = H_0^2 \cdot \left(\Omega_{r,0} \cdot a(t)^{-4} + \Omega_{m,0} \cdot a(t)^{-3} + \Omega_{\Lambda,0}\right) - \dfrac{k}{a(t)^2}$

Wir können 3.65 auch in unmittelbarer Abhängigkeit vom Skalenparameter a formulieren. Es ist dann

3.66 $\quad H(a)^2 = H_0^2 \cdot \left(\Omega_{r,0} \cdot a^{-4} + \Omega_{m,0} \cdot a^{-3} + \Omega_{\Lambda,0}\right) - \dfrac{k}{a^2}$.

3.9 Die Rotverschiebung

Die Spektren entfernter Galaxien zeigen in der Regel in den roten, langwelligen Bereich verschobene Spektrallinien. Erstmals wurde diese sogenannte Rotverschiebung von Edwin Hubble Ende der 1920er Jahre beobachtet. Dem Doppler-Gesetz (siehe Anhang A) folgend hat er diese Beobachtung als Fluchtbewegung der Galaxien interpretiert und daraus das später nach ihm benannte Hubble-Gesetz abgeleitet, das zwischen der vermeintlichen Fluchtgeschwindigkeit und der Entfernung der Galaxie eine lineare Abhängigkeit beschreibt. In diesem Abschnitt wird nun ein Zusammenhang zwischen der Rotverschiebung und dem Skalenparameter hergeleitet. Dieser fundamentale Zusammenhang verbindet die beobachtende Kosmologie mit der theoretischen. Die Rotverschiebung lässt sich ziemlich exakt beobachten. Der Skalenparameter hingegen beschreibt den Verlauf der Expansion und stützt sich dabei auf das theoretische Modell, mit dem das expandierende Universum modelliert wird.

Für die Herleitung benötigt man die Metrik des expandierenden euklidischen Raumes, mit dem das Universum modelliert wird. Wir ersparen und die Herleitung und zitieren das Ergebnis (siehe aber beispielsweise bei Goeke[4]). Das bemerkenswerte Ergebnis besteht darin, dass sich der Skalenwert und die Wellenlänge des Lichts proportional zueinander verhalten. Es gilt also

3.67 $\lambda(t) \approx a(t)$.

Das heißt, die Wellenlänge des Lichts „expandiert" mit dem Universum. Das bedeutet nichts anderes als eine Abnahme der Photonenenergie auf dem Weg der Photonen vom Urknall in spätere, insbesondere in unsere gegenwärtige Epoche. Die Rotverschiebung ist definiert als die „Verschiebung" der Wellenlänge eines elektromagnetischen Signals, das von einem sich vom Beobachter entfernenden bzw. auf ihn zukommenden Objekt emittiert wird. Wir kennen dieses Phänomen als Dopplereffekt bei Schallwellen, beispielsweise bei einer auf uns zukommenden und sich dann entfernenden Polizeisirene. Auf uns zukommend wird die Sirene schriller, die Wellenlänge wird kürzer. Sich von uns weg bewegend wird die Sirene leiser, die Wellenlänge wird größer. Die „Wellenverschiebung" wird definiert durch die relative Verschiebung zwischen der detektierten und der emittierten Wellenlänge:

3.68 $z = \dfrac{\lambda(t_0) - \lambda(t)}{\lambda(t)}$.

Hinweis:

Bei elektromagnetischen Wellen ist der langwelligere Bereich der Lichtwellen der rote Bereich. Daher kommt die Bezeichnung Rotverschiebung.

Aus 3.72 und 3.73 folgt nun für den Zusammenhang zwischen der Rotverschiebung z und der Skalenfunktion a

3.69 $\quad z = \dfrac{\lambda(t_0) - \lambda(t)}{\lambda(t)} = \dfrac{\lambda(t_0)}{\lambda(t)} - 1 = \dfrac{a(t_0)}{a(t)} - 1 = \dfrac{1}{a(t)} - 1$

und dann

3.70 $\quad a = \dfrac{1}{1+z}$.

Mit 3.75 lautet die Friedmann-Gleichung in Abhängigkeit von z

3.71 $\quad H(z)^2 = H_0^2 \cdot \left(\Omega_{m,0} \cdot (1+z)^3 + \Omega_{\Lambda,0}\right) - k \cdot (1+z)^2$.

3.10 Friedmann-Modelle

Wir legen zunächst fest, was wir unter einem Friedmann-Modell verstehen wollen und stellen dann zwei konkrete Modelle vor.

Definition

Wir nennen ein Modell des Universums ein Friedmann-Modell, wenn es der Friedmann-Gleichung

3.72 $\quad H(t)^2 = H_0^2 \cdot \left(\Omega_{r,0} \cdot a(t)^{-4} + \Omega_{m,0} \cdot a(t)^{-3} + \Omega_{\Lambda,0}\right) - \dfrac{k}{a(t)^2}$

folgt. Damit ist zunächst eine Klasse von Modellen definiert. Ein konkretes Friedmann-Modell erhält man durch die Festlegung der Werte für die Dichteparameter $\Omega_{r,0}$, $\Omega_{m,0}$ und $\Omega_{\Lambda,0}$ und für die Krümmungskonstante k mit k=1 (positiv gekrümmt), k=0 (flach, nicht gekrümmt) und k=-1 (negativ gekrümmt). Die Parameterwerte werden durch Beobachtung oder theoretische Überlegungen bestimmt oder auch, wie im zweiten Modell, das wir vorstellen werden, aus Vereinfachungsgründen, festgelegt. Aus der Friedmanngleichung und den konkreten Parameterwerten eines Modells lässt sich die Skalenfunktion des Modells bestimmen. Die Hubble-Konstante H_0 geht in jedes konkrete Friedmann-Modell mit demselben Wert ein. Wir verwenden den unter 1.3 angegebenen Wert

3.73 $\quad H_0 = 100 \cdot h$

mit

3.74 $\quad h = 0{,}71 \left[\dfrac{km}{s \cdot Mpc} \right].$

3.11 Das Referenzmodell

Das Referenzmodell, auch Standardmodell der Kosmologie ist das zurzeit breit anerkannte Modell. Die Werte der Modellparameter sind beobachtet bzw. folgen theoretischen Überlegungen.

Referenzmodell:

Das Referenzmodell ist ein flaches Friedmann-Modell mit den Dichteparametern

3.75 $\quad \Omega_{r,0} \approx 4{,}15 \cdot 10^{-5} \cdot h^{-2}$, $\Omega_{m,0} \approx 0{,}27$ und $\Omega_{\Lambda,0} \approx 0{,}73$.

Es gilt also

3.76 $\quad H(t)^2 = H_0^2 \cdot \left(\Omega_{r,0} \cdot a(t)^{-4} + \Omega_{m,0} \cdot a(t)^{-3} + \Omega_{\Lambda,0} \right).$

Das Standardmodell der Kosmologie beschreibt damit ein räumlich flaches Universum mit einer positiven kosmologischen Konstanten Λ. Die Flachheit des Universums ist inzwischen durch Beobachtungen nachgewiesen. Die anderen Parameter sind denkbar exakt bestimmt bzw. ergeben sich aus theoretischen Überlegungen.

Wir entwickeln nun die Skalenfunktion des Referenzmodells und gehen aus von der zu 3.81 äquivalenten Gleichung

3.77 $\quad \left(\dfrac{a'}{a}\right)^2 = H_0^2 \cdot \left(\Omega_{r,0} \cdot a^{-4} + \Omega_{m,0} \cdot a^{-3} + \Omega_{\Lambda,0}\right).$

Wir multiplizieren mit a^2 und erhalten

$$\dfrac{da}{dt} = H_0 \cdot a \cdot \left(\Omega_{r,0} \cdot a^{-4} + \Omega_{m,0} \cdot a^{-3} + \Omega_{\Lambda,0}\right)^{\frac{1}{2}}$$

und damit

3.78 $\quad dt = \dfrac{da}{H_0 \cdot a \cdot \sqrt{\Omega_{r,0} \cdot a^{-4} + \Omega_{m,0} \cdot a^{-3} + \Omega_{\Lambda,0}}}.$

Das Integral von 3.83 führt zu

3.79 $\quad t = \displaystyle\int_0^t dt = \dfrac{1}{H_0} \cdot \int_0^a \dfrac{da}{a \cdot \sqrt{\Omega_{r,0} \cdot a^{-4} + \Omega_{m,0} \cdot a^{-3} + \Omega_{\Lambda,0}}}.$

Hinweis:

Ein schöner Nebeneffekt der Formel 3.79 ist es, dass wir daraus unmittelbar das Alter des Universum ableiten können. Wenn wir das Alter mit t_0 bezeichnen, gilt nämlich

3.80 $\quad t_0 = \displaystyle\int_0^{t_0} dt = \dfrac{1}{H_0} \cdot \int_0^{a_0} \dfrac{da}{a \cdot \sqrt{\Omega_{r,0} \cdot a^{-4} + \Omega_{m,0} \cdot a^{-3} + \Omega_{\Lambda,0}}}.$

Führt man das Integral aus, erhält man

3.81 $\quad t_0 \approx 0{,}99225 \cdot t_{H_0}.$

Mit 3.7 ist

3.82 $\quad t_0 \approx 0{,}99225 \cdot 13{,}8 \approx 13{,}7 \text{ MrdJ}.$

Wir kehren zurück zu dem Vorhaben, die Skalenfunktion zu bestimmen und treffen an dieser Stelle eine Fallunterscheidung. Wir differenzieren nach Strahlungsdominanz einerseits und Materie- und Λ-Dominanz andererseits.

Strahlungsdominanz: $\Omega_r(t) \gg \Omega_m(t) + \Omega_\Lambda(t)$

Aus 3.84 wird näherungsweise

$$3.83 \quad t = \int_0^t dt \approx \frac{1}{H_0} \cdot \int_0^a \frac{da}{a \cdot \sqrt{\Omega_{r,0} \cdot a^{-4}}}.$$

Das Integral liefert

$$3.84 \quad t = \frac{1}{2 \cdot H_0 \cdot \sqrt{\Omega_{r,0}}} \cdot a^2$$

und damit

$$3.85 \quad a(t) = \left(2 \cdot H_0 \cdot \sqrt{\Omega_{r,0}} \cdot t\right)^{\frac{1}{2}}.$$

Materie- und Λ-Dominanz: $\Omega_r(t) \ll \Omega_m(t) + \Omega_\Lambda(t)$

Das Integral lässt sich mit einigen mathematischen Tricks[13] analytisch lösen und liefert

$$3.86 \quad t = \frac{2}{3 \cdot H_0 \cdot \sqrt{\Omega_{\Lambda,0}}} \operatorname{arcsinh}\left(\sqrt{\frac{\Omega_{\Lambda,0}}{\Omega_{m,0}}} \cdot a^{\frac{3}{2}}\right).$$

Die Funktion des Skalenparameters a(t) erhält man daraus mit einigen einfachen Rechenschritten[1]. Es ist

$$3.87 \quad a(t) = \left(\frac{\Omega_{m,0}}{\Omega_{\Lambda,0}}\right)^{\frac{1}{3}} \cdot \sinh^{\frac{2}{3}}\left(\frac{3}{2} \cdot H_0 \cdot \sqrt{\Omega_{\Lambda,0}} \cdot t\right).$$

Diese Relation ist nicht sehr handlich, aber das hilft nichts. Wir vereinfachen die Situation dadurch, dass wir die kosmische Zeit in Einheiten der Hubble-Time angeben. Mit

3.88 $\quad \sigma = \dfrac{t}{H_0^{-1}} = t \cdot H_0$

ist

3.89 $\quad a(\sigma) = \left(\dfrac{\Omega_{m,0}}{\Omega_{\Lambda,0}} \right)^{\frac{1}{3}} \cdot \sinh^{\frac{2}{3}} \left(\dfrac{3}{2} \cdot \sqrt{\Omega_{\Lambda,0}} \cdot \sigma \right).$

In der Abbildung 3.1 zeigen wir den Verlauf der Skalenfunktion für das Intervall $0 \leq \sigma \leq 2$. Im ersten Abschnitt bis etwa 7 Milliarden Jahre nach dem Urknall zeigt die Funktion eine abnehmende Steigung. Das bedeutet, dass bis etwa 7 Milliarden nach dem Urknall das Universum gebremst, also mit abnehmender Geschwindigkeit expandierte. Von dieser Epoche an nahm die Geschwindigkeit der Expansion zu. Zurückgeführt wird dieses Verhalten auf die dunkle Energie[1,3].

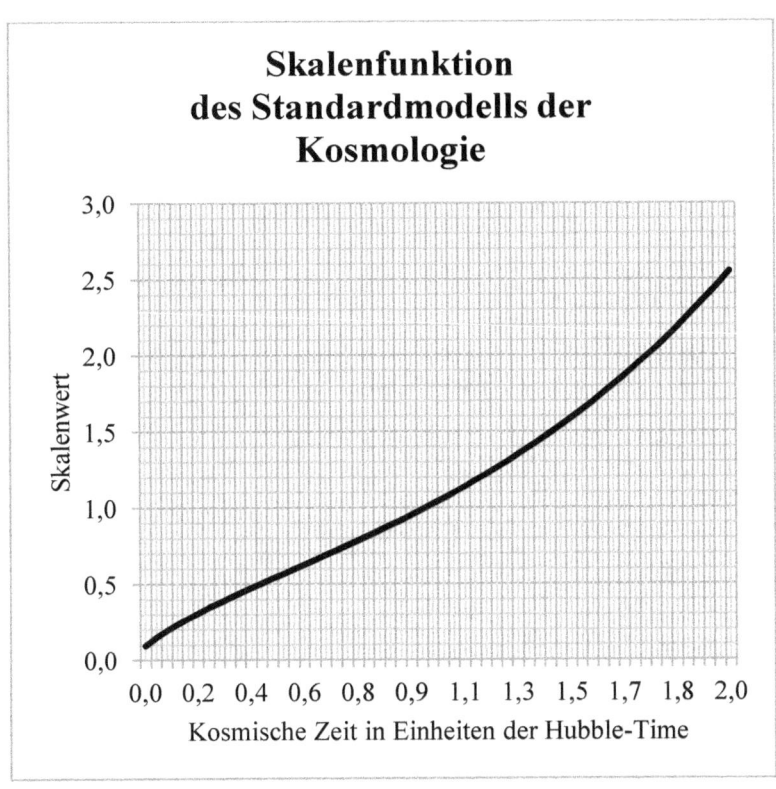

Abbildung 3.1:Skalenfunktion des Standardmodells der Kosmologie

3.12 Das Einstein de Sitter-Modell

Das Einstein de Sitter-Modell dient uns als Erklärungsmodell. Die vorhergesagten Ergebnisse lassen sich analytisch herleiten und liegen ausnahmslos als geschlossene mathematische Ausdrücke vor. Das erleichtert in vielen Fällen die Erklärung bestimmter Phänomene. Im vorliegenden Zusammenhang erleichtert uns das Einstein de Sitter-Modell das Verständnis der Urknallprobleme, die wir behandeln wollen sowie deren Lösung durch die kosmische Inflationstheorie. Aber dazu später.

Einstein de Sitter-Modell:

Das Einstein de Sitter-Modell ist ein flaches Friedmann-Modell mit den Dichteparametern

3.90 $\quad \Omega_{r,0} = 0$, $\Omega_{m,0} = 1{,}0$ und $\Omega_{\Lambda,0} = 0$.

Es gilt also

3.91 $\quad H(t)^2 = H_0^2 \cdot a(t)^{-3}$.

Das Einstein de Sitter-Modell beschreibt damit ein räumlich flaches Universum ohne kosmologische Konstante. Die gesamte im Universum vorhandene Energie verhält sich im Laufe der kosmischen Expansion wie Materie. Ihre Dichte nimmt mit der dritten Potenz des Skalenwertes ab.

Wir bestimmen nun die Skalenfunktion des Einstein de Sitter-Universums. Es ist

3.92 $\quad \left(\dfrac{a'}{a}\right)^2 = H_0^2 \cdot a^{-3}$.

Nach Multiplikation mit a^2 folgt

$$\frac{da}{dt} = H_0 \cdot a^{-\frac{1}{2}}$$

und damit

3.93 $\quad dt = \dfrac{a^{\frac{1}{2}}}{H_0} \cdot da$.

Das Integral von 3.93 führt zu

3.94 $\quad t = \dfrac{1}{H_0} \cdot \int_0^a a^{\frac{1}{2}} \cdot da = \dfrac{2}{3 \cdot H_0} \cdot a^{\frac{3}{2}}$

und dann zu

3.95 $a(t) = \left(\frac{3}{2} \cdot H_0 \cdot t\right)^{\frac{2}{3}}$.

In Einheiten der Hubble-Time gilt

3.96 $a(\sigma) = \left(\frac{3}{2} \cdot \sigma\right)^{\frac{2}{3}}$.

Wir machen auch hier einen Abstecher zu der Altersfrage des Universums. Aus 3.94 folgt

3.97 $t_0 = \frac{2}{3} \cdot t_{H_0}$.

Im Ergebnis liegt das Weltalter im materiedominierten Einstein de Sitter-Universum bei

$t_0 = \frac{2}{3} \cdot t_{H_0} \approx 9{,}2 \text{ MrdJ}$.

Geht man mit 3.97 in die Skalenfunktion 3.95, so erhält man die dazu äquivalente Form

3.98 $a(t) = \left(\frac{t}{t_0}\right)^{\frac{2}{3}}$.

Wie kehren zurück zu unserem Vorhaben. Die Annahme $\Omega_{m,0} = 1{,}0$ führt, wie wir festgestellt haben zu einem Universum, in dem sich die gesamte Energie des Universums wie Materie verhält und ihre Dichte über die komplette kosmische Zeit mit der dritten Potenz des Skalenwertes abnimmt. Wir wissen aber, dass unmittelbar nach dem Urknall Strahlung absolut dominierend war. Für Untersuchungen, die sich auf eine kosmische Zeit unmittelbar nach dem Urknall beziehen, lässt sich die

Situation dadurch retten, dass man $\Omega_{r,0} = 1{,}0$ annimmt. Damit unterstellt man, dass sich die gesamte Energie des Universums über die kosmische Zeit, die man betrachten möchte, wie Strahlung verhält. Die Friedmann-Gleichung hat damit die Form

3.99 $\quad H(t)^2 = H_0^2 \cdot a(t)^{-4}$.

Äquivalent dazu ist

3.100 $\quad \left(\dfrac{a'}{a}\right)^2 = H_0^2 \cdot a^{-4}$.

Nach Multiplikation mit a^2 folgt

$$\dfrac{da}{dt} = H_0 \cdot a^{-1}$$

und damit

3.101 $\quad dt = \dfrac{a}{H_0} \cdot da$.

Das Integral von 3.101 führt zu

3.102 $\quad t = \dfrac{1}{H_0} \cdot \int_0^a a \cdot da = \dfrac{1}{2 \cdot H_0} \cdot a^2$

und schließlich zu

3.103 $\quad a(t) = (2 \cdot H_0 \cdot t)^{\frac{1}{2}}$

Für das Alter des strahlungsdominierten Universums gilt

3.104 $\quad t_0 = \dfrac{1}{2} \cdot t_{H_0}$.

Damit ist 3.103 äquivalent zu

3.105 $\quad a(t) = \left(\dfrac{t}{t_0}\right)^{\frac{1}{2}}.$

In Einheiten der Hubble-Time wird aus 3.103

3.106 $\quad a(\sigma) = (2 \cdot \sigma)^{\frac{1}{2}}.$

Wir vergleichen die vorgestellten Skalenfunktionen mittels der Abbildung 3.2. Die Abbildung zeigt durchaus, dass die Modelle nicht in allen Situationen vergleichbar sind. Das gilt in quantitativer Hinsicht, was im Rahmen der vorliegenden Genauigkeit sicher nicht das Problem wäre. Es gilt aber auch in qualitativer Hinsicht. Wir werden noch auf Unterschiede in den Ergebnissen eingehen, die für unser eigentliches Thema, die Erläuterung der Urknallprobleme und deren Lösung durch die Inflationstheorie, benötigt werden. In den strahlungsdominierten Epochen, das zeigen die Ergebnisse unter 3.85 und 3.103 sind die Skalenfunktionen des Referenzmodells und des Einstein de Sitter-Modells qualitativ jedenfalls vergleichbar. Die Skala wächst in beiden Fällen mit der Quadratwurzel aus der kosmischen Zeit. Für theoretische Überlegungen in den sehr frühen Epochen des Universums, die insbesondere ausschließlich qualitative Aussagen verlangen, können wir also das „strahlungsdominierte" Einstein des Sitter-Universums verwenden.

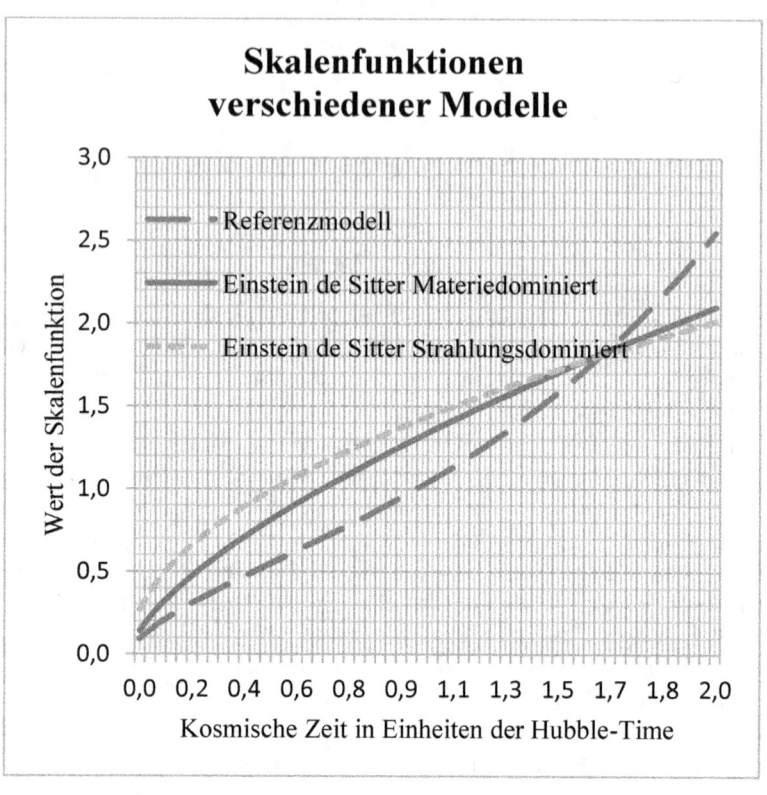

Abbildung 3.1: Verlauf der Skalenfunktion verschiedener Friedmann-Modelle

4 Die Hintergrundstrahlung

Im vorliegenden Kapitel beschäftigen wir uns mit dem kosmischen Strahlungshintergrund, mit seiner Entstehung, seiner Entwicklung und seiner Temperatur. Das Programm dieses Kapitels ordnen wir unserem Ziel unter, eines der Urknallprobleme, das sogenannte Horizontproblem, und dessen Lösung durch die Inflationstheorie zu verstehen. Dazu bestimmen wir zunächst die Temperatur des Universums der Rekombinationsepoche, also der Epoche, in der die Hintergrundstrahlung freigesetzt wurde. Daraus lassen sich dann auch die Skala des Universums dieser Epoche und die Epoche selbst bestimmen.

4.1 Eigenschaften der Hintergrundstrahlung

Die kosmische Hintergrundstrahlung wurde von der Theorie vorhergesagt. Vorhergesagt wurde eine Strahlung mit einem Schwarzkörperspektrum, die gegenwärtig über eine Temperatur in der Größenordnung von ca. 10 Grad Kelvin verfügt. 1965 war es dann so weit. Die Strahlung wurde von Penzias und Wilson entdeckt, wenn auch eher zufällig[6]. In der Folge wurde mit verschiedenen Satellitenexperimenten eindrucksvoll nachgewiesen, dass es sich bei der kosmischen Hintergrundstrahlung tatsächlich um eine Strahlung mit einem nahezu idealen Schwarzkörperspektrum handelt, wenn auch nur mit einer Temperatur von 2,725 ± 0,001 Grad Kelvin. Wir erläutern in aller Kürze, was es für eine Strahlung bedeutet, über ein Schwarzkörperspektrum zu verfügen.

Jeder Körper, unabhängig davon, aus welchem Material er besteht, emittiert oberhalb einer Temperatur des absoluten Nullpunkts elektromagnetische Strahlung. Wir führen ein Gedankenexperiment durch[6] und stellen uns einen geschlossenen Kasten vor, der aus einem beliebigen Material konstruiert wurde. Diesen erwärmen wir gleichmäßig auf eine bestimmte Temperatur. Auf seiner Außenseite wird dieser Kasten Strahlung mit einem für das Material charakteristischen Spektrum emittieren. Innen jedoch wird Strahlung emittiert und wieder absorbiert, sodass sich ein stationärer Zustand einstellt. Das Spektrum, das heißt, die Verteilung dieser Strahlung auf unterschiedlich energiereiche Photonen wird thermisches Spektrum, Hohlraumspektrum oder auch Schwarzkörperspektrum genannt. Von diesem Spektrum, das ausschließlich von der Temperatur abhängt, kennt man die Anzahl der Photonen einer bestimmten Frequenz. Diese sogenannte Besetzungszahl wird durch die plancksche Funktion festgelegt. Diese lautet[11]

4.1 $\quad N(\nu) = \dfrac{1}{e^{\frac{h_P \cdot \nu}{k_B \cdot T}} - 1}$.

Dabei ist ν eine beliebige Frequenz, h_P das plancksche Wirkungsquantum (siehe Anhang B), k_B die Boltzmann-Konstante (siehe ebenfalls Anhang B) und T die Temperatur.

Im Zusammenhang mit der Entstehung des kosmischen Mikrowellenhintergrunds ist die Verteilung der Energiedichte wichtig. Es gilt[11]

4.2 $\quad \varepsilon(\nu) \cdot d\nu = \dfrac{8 \cdot \pi \cdot h_P}{c^3} \cdot \dfrac{\nu^3}{e^{\frac{h_P \cdot \nu}{k_B \cdot T}} - 1} \cdot d\nu$.

4.2 ist die Energiedichte einer Schwarzkörperstrahlung der Temperatur T pro Einheitsvolumen im Frequenzintervall $(\nu, \nu + d\nu)$. Das sieht alles ziemlich kompliziert aus und ist es dummerweise auch. Aber es hilft nichts. Um die Vorgänge, die wir noch besprechen werden, zu verstehen, müssen wir durch diese Schwierigkeiten hindurch. Aus 4.2 lässt sich schlussendlich die totale Energiedichte einer Schwarzkörperstrahlung berechnen. Es gilt[11]

4.3 $\quad \varepsilon_\gamma = \alpha \cdot T^4$.

Dabei ist α die sogenannte Strahlungskonstante mit[11]

4.4 $\quad \alpha = \dfrac{\pi^2 \cdot k_B^4}{15 \cdot \left(\dfrac{h_P}{2 \cdot \pi}\right)^3 \cdot c^3} \approx 7{,}565 \cdot 10^{-16} \, J \cdot m^{-3} \cdot K^{-4}$.

In der Abbildung 4.1 zeigen wir den Verlauf der Energiedichte eines Schwarzkörperspektrums. Für die Darstellung formt man 4.2 üblicherweise wie folgt um. Aus

$$\varepsilon(\nu) = \frac{8 \cdot \pi \cdot h_P}{c^3} \cdot \frac{\nu^3}{e^{\frac{h_P \cdot \nu}{k_B \cdot T}} - 1}$$

wird durch Multiplikation mit $\dfrac{c^3}{8 \cdot \pi} \cdot \dfrac{h_P^3}{k_B^3 \cdot T^3}$

4.5 $\quad \varepsilon(\nu) \cdot \dfrac{c^3 \cdot h_P^2}{8 \cdot \pi \cdot k_B^3 \cdot T^3} = \dfrac{\left(\dfrac{h_P \cdot \nu}{k_B \cdot T}\right)^3}{e^{\frac{h_P \cdot \nu}{k_B \cdot T}} - 1}$.

Man stellt nun die Energiedichte in Einheiten von $\dfrac{c^3 \cdot h_P^2}{8 \cdot \pi \cdot k_B^3 \cdot T^3}$ dar. In dieser Einheit hat 4.5 schließlich die übersichtlichere Form

4.6 $\quad \varepsilon(\nu) = \dfrac{\left(\dfrac{h_P \cdot \nu}{k_B \cdot T}\right)^3}{e^{\frac{h_P \cdot \nu}{k_B \cdot T}} - 1}$.

Zwei Ergebnisse sind in diesem Zusammenhang noch interessant, und zwar die maximale und die mittlere Energiedichte einer Schwarzkörperstrahlung. Die maximale Energiedichte liegt bei Photonen der Energie

4.7 $\quad E_{max} = h_P \cdot \nu_{max} = 2{,}8 \cdot k_B \cdot T$.

Das bedeutet, dass die Gesamtenergie der Strahlung vorrangig von Photonen mit einer Energie von E_{max} bestimmt wird. Die mittlere Energie der Photonen liegt bei

4.8 $\quad E_{mean} = h_P \cdot \nu_{mean} = 3{,}0 \cdot k_B \cdot T$.

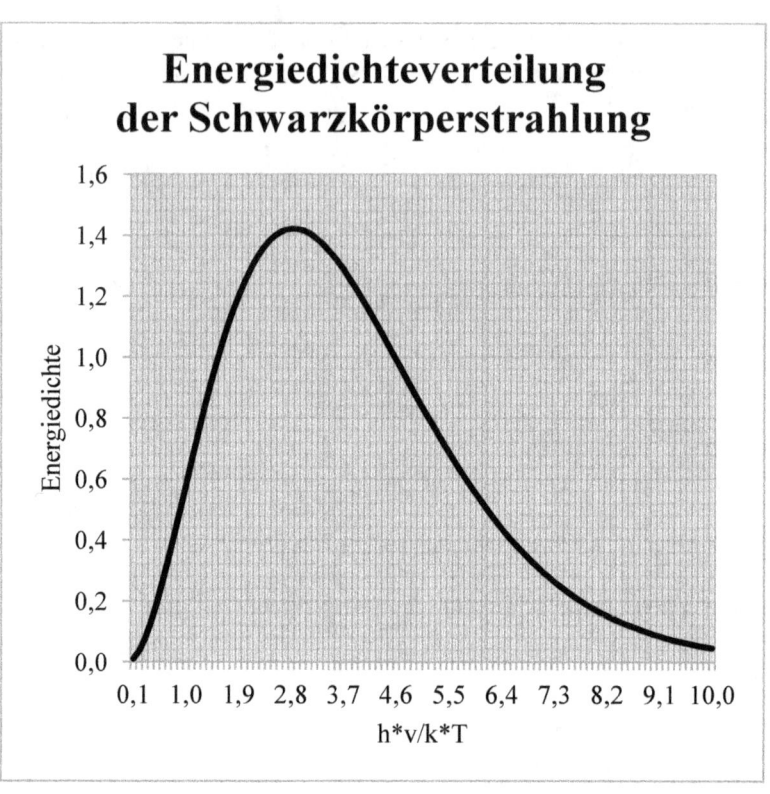

4.1: Energiedichteverteilung eines Schwarzkörperspektrums

4.2 Die Entstehung der Hintergrundstrahlung

Wir wissen bereits aus Kapitel 1, dass die Hintergrundstrahlung in der Rekombinationsepoche frei wurde. Wir versetzen uns erneut in die Epoche 300.000 Jahre nach dem Urknall. Das Universum müssen wir uns aus einem Gemisch, im Wesentlichen bestehend aus Protonen und Heliumkernen, Elektronen und Photonen, vorstellen. Das Universum war weit über 3.000 Grad Kelvin heiß. Die Photonenenergie lag noch deutlich über der Bindungsenergie des Wasserstoffatoms, sodass die Photonen in der Lage waren, die Bildung von Wasserstoffatomen zu verhindern bzw. den vorhandenen Wasserstoff komplett zu ionisieren. Wir werden nun die Temperatur abschätzen, bei der die Hintergrundstrahlung frei wurde und daraus mithilfe der Skalenfunktion und einer Relation zwischen Temperatur und Skalenwert die Rekombinationsepoche berechnen. Aber der Reihe nach. Wir beginnen mit der Bindungsenergie oder auch Ionisationsenergie des Wasserstoffatoms. Es gilt

4.9 $\quad I_H \approx 13{,}6\,eV$

13,6 eV müssen also aufgebracht werden, um das Elektron des Wasserstoffatoms aus dem Atomverbund zu lösen, den Wasserstoff zu ionisieren. Die plancksche Funktion 4.1 lässt eine Abschätzung über den Anteil der Photonen einer Schwarzkörperstrahlung zu, deren Energie größer ist als ein vorgegebener Wert I. Es ist[11]

4.10 $\quad \dfrac{n_\gamma(E>I)}{n_\gamma} \approx e^{-\frac{I}{k_B \cdot T}}$.

Dabei ist I die Energieschranke, $n_\gamma(E>I)$ die Anzahl der Photonen mit einer Energie größer als I, n_γ die Gesamtzahl der Photonen und T die Temperatur.

Wir nehmen nun an, dass ein einzelnes Photon entsprechender Energie in der Lage ist, ein Wasserstoffatom zu ionisieren. Die Physik ist tatsächlich um einiges komplizierter, sodass die nachfolgende Schätzung auch nur ganz grob sein kann. Siehe dazu auch „Einführung in die moderne Kosmologie"[11]. Um die Temperatur des Universums zu berechnen, bei der die Photonen nicht mehr in der Lage waren, die Wasserstoffatome zu ionisieren, verlangen wir also

4.11 $\quad \dfrac{n_\gamma(E>I_H)}{n_\gamma} \approx e^{-\frac{I_H}{k_B \cdot T_r}} \approx \dfrac{n_b}{n_\gamma}$.

Dabei sind n_b die Anzahl der Baryonen und T_r die Temperatur des Universums der Rekombinationsepoche. Aus 4.10 folgt

4.12 $\quad T_r \approx \dfrac{I_H}{k_B \cdot \ln\left(\dfrac{n_b}{n_\gamma}\right)}$.

Was uns nun noch fehlt, ist das Baryon/Photon-Verhältnis. Da Teilchen im Zuge der Expansion des Universums nicht einfach verschwinden können[11] hat sich dieses Verhältnis im Laufe der Zeit glücklicherweise nicht verändert. Das heißt, wir können die gegenwärtige Situation nutzen, um das Baryon/Photon-Verhältnis zu bestimmen. Wir beginnen mit der Anzahldichte der Photonen. Es ist

4.13 $\quad n_\gamma = \dfrac{\varepsilon_{\gamma,0}}{E_{\gamma,0}} = \dfrac{\alpha \cdot T_{\gamma,0}^4}{3 \cdot k_B \cdot T_{\gamma,0}} = \dfrac{\alpha}{3 \cdot k_B} \cdot T_{\gamma,0}^3$.

Mit den Konstanten α und k_B (siehe Anhang B) erhält man für n_γ

4.14 $\quad n_\gamma \approx 3{,}695 \cdot 10^8$.

Für die Berechnung der Baryonendichte verwenden wir (siehe 3.29)

4.15 $\quad \Omega_{b,0} \approx 0{,}02 \cdot h^{-2}$.

Die Baryonendichte in $J \cdot m^{-3}$ ist

$c^2 \cdot \delta_{b,0} = c^2 \cdot \Omega_{b,0} \cdot \delta_{c,0} = 9 \cdot 10^{16} \cdot 0{,}02 \cdot 1{,}88 \cdot 10^{-26} \approx 3{,}38 \cdot 10^{-11}$.

Für die Energie eines Baryons verwenden wir die mittlere Energie zwischen Proton und Neutron. Diese liegt bei $E_b \approx 939$ MeV[1,11]. In J sind das

4.16 $\quad E_b \approx 1{,}5 \cdot 10^{-10}$ J.

Die Anzahldichte der Baryonen ergibt sich schließlich mit

4.17 $\quad n_b \approx \dfrac{c^2 \cdot \delta_{b,0}}{E_b} \approx 0{,}23$.

Das Baryon/Photon-Verhältnis η liegt damit in der Größenordnung von

4.18 $\quad \eta = \dfrac{n_\gamma}{n_b} \approx \dfrac{3{,}695 \cdot 10^8}{0{,}23} \approx 1{,}6 \cdot 10^9$.

Mit 4.18 gehen wir nun in die Relation 4.12. Es folgt

4.19 $\quad T_r \approx 7.500\,K$.

Wir hatten es schon angedeutet, dass diese Abschätzung nicht die letzte sein konnte. Für eine genauere Analyse ist jede Menge Physik notwenig, die wir an dieser Stelle nicht leisten können[11]. Allgemein anerkannt ist gegenwärtig eine Temperatur von etwa

4.20 $\quad T_r \approx 3.000\,K$.

Mit genau diesem Wert werden wir im Folgenden rechnen.

4.3 Die Skala der Rekombinationsepoche

Wir wissen nun, dass das Universum in der Rekombinationsepoche ca. 3.000 Grad Kelvin heiß gewesen sein muss. Wir fragen uns, auf welcher Skala befand sich in dieser Epoche das Universum. Oder anders ausgedrückt, welchen Wert hatte die Skalenfunktion? Genau genommen wollen wir wissen, wie groß das sichtbare Universum in dieser Epoche war. Aber wieder einmal der Reihe nach. Wir wissen, dass sich die Energiedichte der Hintergrundstrahlung aus ihrer Temperatur ermitteln lässt. Es gilt nämlich

4.21 $\quad \varepsilon_\gamma(t) = c^2 \cdot \delta_\gamma(t) = \alpha \cdot T_\gamma(t)^4$.

Außerdem wissen wir, dass die Strahlungsdichte mit der vierten Potenz der Skalenfunktion abnimmt. Nach 3.49 ist nämlich

4.22 $\quad \delta_\gamma(t) = \dfrac{\delta_{\gamma,0}}{a(t)^4}$.

Wir gehen mit 4.22 in die Relation 4.21 und erhalten

$$c^2 \cdot \delta_\gamma(t) = c^2 \cdot \frac{\delta_{\gamma,0}}{a(t)^4} = \alpha \cdot T_\gamma(t)^4.$$

Die Temperatur des Photonenhintergrundes verhält sich also umgekehrt proportional zum Skalenparameter. Es gilt

$$4.23 \quad T_\gamma(t) \approx \frac{1}{a(t)}.$$

Diese Relation nennen wir Temperatur/Skalenparameter-Relation. Für den Skalenwert des Universums in der Rekombinationsepoche erhält man daraus

$$4.24 \quad a(t_r) \approx \frac{T_{\gamma,0}}{T_\gamma(t_r)} \approx \frac{2{,}725}{3.000} \approx 9{,}1 \cdot 10^{-4}.$$

4.4 Die Epoche der Rekombination

Wir kennen nun die Temperatur der Rekombinationsepoche und den Skalenwert des Universums dieser Epoche. Was uns noch fehlt, ist der zeitliche Abstand der Epoche vom Urknall. Oder besser die Zeit nach dem Urknall, in der die ersten Atome gebildet und das Universum durchsichtig wurde. Diese kosmische Zeit ist trivialerweise abhängig von dem zugrunde gelegten Modell. Denn die Skalenfunktion ist modellabhängig. Obgleich die kosmische Zeit der Rekombination im Zusammenhang mit der Inflationstheorie eine untergeordnete Rolle spielt, wollen wir sie an dieser Stelle ermitteln.

Im Referenzmodell gilt nach 3.79

$$4.25 \quad t_r = \frac{1}{H_0} \cdot \int_0^{a_r} \frac{da}{a \cdot \sqrt{\Omega_{r,0} \cdot a^{-4} + \Omega_{m,0} \cdot a^{-3} + \Omega_{\Lambda,0}}}.$$

Das Integral liefert knapp

$$4.26 \quad t_r \approx 380.000 \text{ Jahre.}$$

4.5 Die Entwicklung der Dichteparameter

Wir beschäftigen uns mit der Entwicklung der Dichteparameter. Insbesondere interessiert uns die Epoche, in der Strahlung und Materie gleich „schwer" waren. Dass es diese Epoche gegeben haben muss, ergibt sich aus der Tatsache, dass am Anfang der Zeit Strahlung die vorherrschende Energieart war. Der Dichteparameter der Strahlung sollte den Wert eins gehabt haben. Der Dichteparameter der Materie hatte den Wert null, denn Materie gab es noch keine und die Dunkle Energie machte sich noch nicht bemerkbar. Gegenwärtig hingegen dominiert Dichteparameter der Materie den der Strahlung und der Dichteparameter der Dunklen Energie die Werte beider anderen Energiearten zusammen. Die Materiedichte nimmt im Zuge der Expansion immer weiter ab, sodass der Wert des Dichteparameters der Materie in ferner Zukunft gegen null geht, während die Dunkle Energie die absolute Dominanz übernehmen wird. Der Dichteparameter der Materie muss demnach in der Vergangenheit einen maximalen Wert angenommen haben. Die gerade beschriebenen Verläufe der Dichteparameter werden wir nun analytisch herleiten.

Wir gehen aus von den Dichteparametern einer beliebigen kosmischen Epoche und stellen diese in Abhängigkeit von ihrem gegenwärtigen Wert dar. Wir beginnen mit dem Dichteparameter der Strahlung. Es ist

$$\Omega_r(t) = \frac{\delta_r(t)}{\delta_c(t)} = \frac{\delta_r(t_0) \cdot a(t)^{-4}}{\delta_c(t)} = \Omega_{r,0} \cdot a(t)^{-4} \cdot \frac{\delta_c(t_0)}{\delta_c(t)} = \Omega_{r,0} \cdot a(t)^{-4} \cdot \frac{H_0^2}{H(t)^2}.$$

In Analogie dazu erhält man die Relationen für die anderen Dichteparameter. Insgesamt gilt also

4.27 $\quad \Omega_r(t) = \Omega_{r,0} \cdot a(t)^{-4} \cdot \dfrac{H_0^2}{H(t)^2},$

4.28 $\quad \Omega_m(t) = \Omega_{m,0} \cdot a(t)^{-3} \cdot \dfrac{H_0^2}{H(t)^2}$

und

4.29 $\quad \Omega_\Lambda(t) = \Omega_{\Lambda,0} \cdot \dfrac{H_0^2}{H(t)^2}$.

Wir gehen nun aus von der Friedmann-Gleichung für flache Universen (k=0)

$$H(t)^2 = H_0^2 \cdot \left(\Omega_{r,0} \cdot a(t)^{-4} + \Omega_{m,0} \cdot a(t)^{-3} + \Omega_{\Lambda,0}\right),$$

formen um

$$\frac{H_0^2}{H(t)^2} = \frac{1}{\Omega_{r,0} \cdot a(t)^{-4} + \Omega_{m,0} \cdot a(t)^{-3} + \Omega_{\Lambda,0}}$$

und multiplizieren mit

$\Omega_{r,0} \cdot a(t)^{-4}$.

Im Ergebnis ist

4.30 $\quad \Omega_r(t) = \dfrac{\Omega_{r,0}}{\Omega_{r,0} + \Omega_{m,0} \cdot a(t) + \Omega_{\Lambda,0} \cdot a(t)^4}$

oder unmittelbar abhängig vom Skalenwert

4.31 $\quad \Omega_r(a) = \dfrac{\Omega_{r,0}}{\Omega_{r,0} + \Omega_{m,0} \cdot a + \Omega_{\Lambda,0} \cdot a^4}$.

Für die anderen Dichteparameter erhält man mit analoger Rechnung

4.32 $\quad \Omega_m(a) = \dfrac{\Omega_{m,0}}{\Omega_{r,0} \cdot a^{-1} + \Omega_{m,0} + \Omega_{\Lambda,0} \cdot a^3}$

und

4.33 $\quad \Omega_\Lambda(a) = \dfrac{\Omega_{\Lambda,0}}{\Omega_{r,0} \cdot a^{-4} + \Omega_{m,0} \cdot a^{-3} + \Omega_{\Lambda,0}}$.

Die Grenzwertbetrachtungen werden jetzt denkbar einfach. Wir gehen die verschiedenen Dichteparameter durch und lassen den Skalenwert jeweils gegen null und unendlich gehen. Das Ergebnis stellen wir in der Tabelle 4.1 dar.

Größe	$a \to 0$	$a \to \infty$
$\Omega_r(a)$	1	0
$\Omega_m(a)$	0	0
$\Omega_\Lambda(a)$	0	1

Tabelle 4.1: Wert der Dichteparameter in den Grenzfällen $a=0$ *und* $a = \infty$

Der Dichteparameter der Materie hat in beiden Grenzfällen den Wert null. Dieses spiegelt wider, dass am Beginn von Raum und Zeit noch keine Materie vorhanden war und mit der Expansion die Materiedichte immer geringer wird, sodass ihr Anteil an der totalen Energiedichte nahezu null wird. Der Dichteparameter der Materie muss also im Laufe der Expansion irgendwann zwischen dem Urknall und heute einen maximalen Wert angenommen haben. Da der Strahlungsparameter von eins nahe dem Urknall auf null fällt und der Dichteparameter der Dunklen Energie umgekehrt nahe dem Urknall den Wert null hatte und im Zuge der Expansion zunimmt, muss die Dichtewertfunktion der Materie mit den beiden anderen Dichtewertfunktionen einen Schnittpunkt haben. Wir stellen die Dichtewertfunktionen in der Umgebung dieser Schnittpunkte da. Siehe Abbildung 4.2 und 4.3

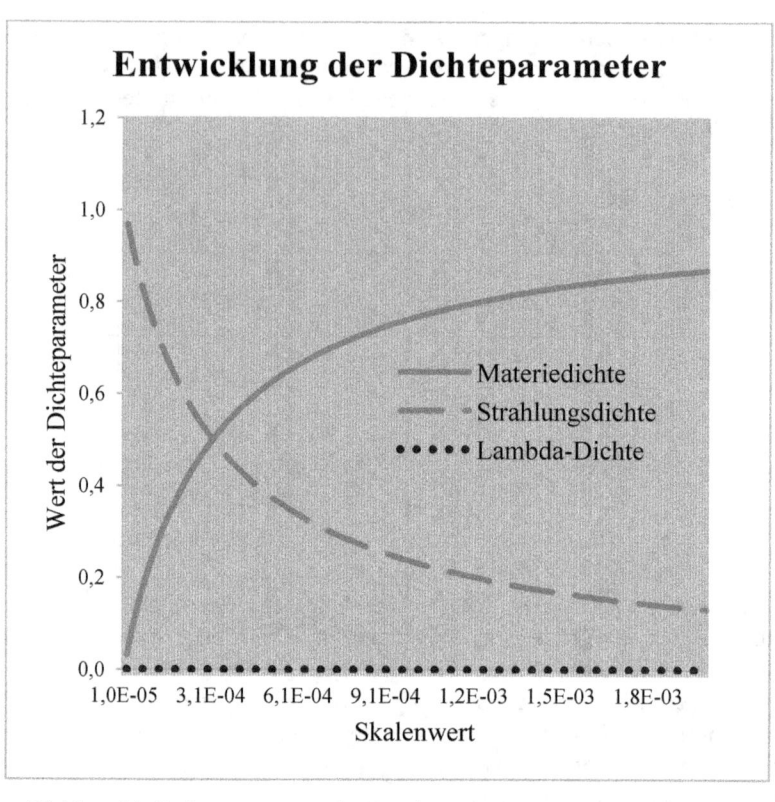

Abbildung 4.2: Dichteparameter in der Umgebung der Strahlung/Materie-Gleichheit

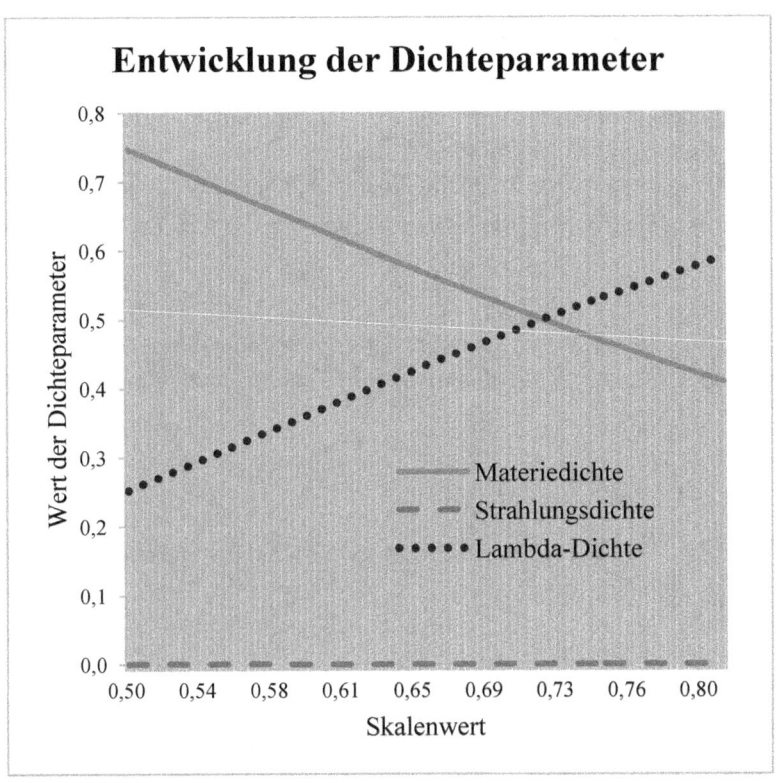

Abbildung 4.3: Dichteparameter in der Umgebung der Materie/Lambda-Gleichheit

Den Schnittpunkt der Dichtewertfunktion der Materie mit der der Strahlung nennen wir die Epoche der Strahlungs/Materie-Gleichheit. Den Skalenwert des Schnittpunktes erhält man aus

$$\Omega_r(a) = \Omega_{r,0} \cdot a^{-4} \approx \Omega_{m,0} \cdot a^{-3} = \Omega_m(a)$$

Mit

4.34 $\quad a_{eq} \approx \dfrac{\Omega_{r,0}}{\Omega_{m,0}} \approx \dfrac{4{,}15 \cdot 10^{-5}}{\Omega_{m,0} \cdot h^2}\,.$

Mit den bekannten Werten ist

4.35 $a_{eq} \approx 3{,}0 \cdot 10^{-4}$.

Im Referenzuniversum entspricht dieser Skalenwert etwas mehr als 50.000 Jahre nach dem Urknall. Wir bezeichnen diese Epoche mit t_{eq}. In Sekunden nach dem Urknall (diesen Wert benutzen wir später) ist

4.36 $t_{eq} \approx 1{,}6 \cdot 10^{12} s$.

Diese Epoche nutzen wir später im Einstein de Sitter-Modell derart, dass wir für $t < t_{eq}$ die Skalenfunktion des strahlungsdominierten Modells, also

4.37 $a(t) = (2 \cdot H_0 \cdot t)^{\frac{1}{2}}$ für $t < t_{eq}$

und für $t > t_{eq}$ die des materiedominierten Modells verwenden, also

4.38 $a(t) = \left(\frac{3}{2} \cdot H_0 \cdot t\right)^{\frac{2}{3}}$ für $t > t_{eq}$.

Das Universum hatte bei t_{eq} – auch diese Information benötigen wir später – eine Temperatur von (siehe 4.23)

4.39 $T(t_{qe}) \approx \dfrac{1}{a_{eq}} \approx 3 \cdot 10^4 K$

Wir schätzen noch der Vollständigkeit wegen den Skalenwert der Materie/Lambda-Gleichheit. Es gilt

$\Omega_m(a) = \Omega_{m,0} \cdot a^{-3} \approx \Omega_{\Lambda,0}$.

Daraus wird

4.40 $a \approx \left(\dfrac{\Omega_{m,0}}{\Omega_{\Lambda,0}}\right)^{\frac{1}{3}}$

und mit den bekannten Werten

4.41 $a \approx 0{,}72$

Die mit dem Skalenwert korrespondierende kosmische Zeit liegt bei ca.

4.42 $t \approx 9{,}5\,\text{MrdJ}.$

5 Das sichtbare Universum

Wir wollen unser Ziel nicht aus den Augen verlieren. Unser Ziel ist es, die sogenannten Urknallprobleme und deren Lösung durch die Inflationstheorie zu verstehen. Dazu benötigen wir unter anderem ein Verständnis von dem, was wir das beobachtbare oder auch sichtbare Universum nennen.

Wir definieren zunächst, was wir unter dem sichtbaren Universum verstehen wollen:

Das sichtbare Universum besteht aus allen Raumzeitereignissen, deren Lichtemissionen uns erreichen.

Dabei verstehen wir unter einem Raumzeitereignis einen Punkt im Raumzeit-Diagramm mit einer Zeit- und einer dreidimensionalen Ortskoordinate. Wir unterstellen, dass die Raumzeitereignisse in der Lage sind, sich uns durch Lichtemissionen bemerkbar zu machen.

Hinweis:

Diese Definition ist eigentlich trivial. Wenn von einem Objekt emittierte Photonen unsere Augen nicht erreichen, dann ist das Objekt nun einmal für uns unsichtbar. In einem expandierenden Universum aber, in dem sich der Raum zwischen den Objekten während der Laufzeit des Lichts vergrößert, ist diese Definition nicht immer ganz so einfach zu deuten. Und es lohnt sich, wie wir noch sehen werden, die Situation etwas genauer zu analysieren.

Unsere Definition des sichtbaren Universums lässt sich auf jede beliebige kosmische Epoche übertragen:

Das sichtbare Universum einer beliebigen kosmischen Epoche t besteht aus allen Raumzeitereignissen, deren Lichtemissionen einen in die Epoche t versetzten Beobachter erreichen.

5.1 Elemente des sichtbaren Universums

Die Größen, mit denen wir das sichtbare Universum beschreiben und berechenbar machen, nennen wir Elemente des sichtbaren Universums. Im Einzelnen sind dies die Weltlinie einer Galaxie, der Vergangenheitslichtkegel und der Partikelhorizont. Normalerweise zählen wir noch den sogenannten Ereignishorizont dazu. Siehe zum Beispiel in „Das sichtbare Universum"[2]. Da wir den Ereignishorizont im vorliegenden Kontext nicht benötigen, verzichten wir an dieser Stelle auf dessen Definition.

Wir definieren nun die Größen und bedienen uns der Schreibweise aus „Das sichtbare Universum"[2].

Weltlinie einer Galaxie $W_{L(t_e)}(t)$:

Unter der Weltlinie einer Galaxie, die bei t_e Photonen emittiert, die bei t_0 detektiert werden, verstehen wir den Weg der Galaxie $W_{L(t_e)}(t)$ durch die Raumzeit mit

5.1 $\quad W_{L(t_e)}(t) = c \cdot a(t) \cdot \int_{t_e}^{t_0} \frac{dt}{a(t)}$.

Dabei ist t eine beliebige kosmische Epoche, die gegenwärtige, eine vergangene oder zukünftige kosmische Epoche, t_e die Emissionsepoche, t_0 die Detektionsepoche, in diesem Falle die gegenwärtige Epoche, c die Lichtgeschwindigkeit und a(t) die Skalenfunktion des zugrunde gelegten Weltmodells.

Vergangenheitslichtkegel einer Epoche $L_{C(t_0)}(t)$:

Unter dem Vergangenheitslichtkegel $L_{C(t_0)}(t)$ verstehen wir die Raumzeitereignisse, die von einem Beobachter bei t_0 detektiert werden können. Der Vergangenheitslichtkegel wird auch Weltlinie des Lichts genannt. Formal gilt

5.2 $\quad L_{C(t_0)}(t) = c \cdot a(t) \cdot \int_t^{t_0} \frac{dt}{a(t)}$.

Dabei ist t eine beliebige, aus Sicht von t_0 vergangene kosmische Epoche.

Partikelhorizont $d_{ph}(t)$ einer Epoche:

Der Partikelhorizont $d_{ph}(t)$ einer beliebigen Epoche t ist die Distanz, die Licht seit dem Urknall bis zur Epoche t zurückgelegt hat. Der Partikelhorizont wird auch als Beobachtungshorizont bezeichnet. Formal gilt

5.3 $\quad d_{ph}(t) = c \cdot a(t) \cdot \int_0^t \frac{dt}{a(t)}$.

Wir stellen in den beiden folgenden Tabellen die Relationen in Abhängigkeit vom Skalenparameter und in Abhängigkeit von der Rotverschiebung zusammen. Die vom Skalenparameter abhängigen Relationen erhält man aus den zeitabhängigen unter Ausnutzung von 3.78 und aus diesen die von der Rotverschiebung abhängigen unter Ausnutzung von

5.4 $\quad \dfrac{da}{dz} = -\dfrac{1}{(1+z)^2}$.

Dabei gelten die folgenden Integrationsgrenzen für die unterschiedlichen Epochen, für die des Beobachters, für die Emissionsepoche und für das Urknallereignis:

5.5 $\quad a_0 = a(t_0) = 1$ und $z_0 = \dfrac{1}{a_0} - 1 = 0$,

5.6 $\quad a_e = a(t_e)$ und $z_e = \dfrac{1}{a_e} - 1$

und

5.7 $\quad a=0$ und $z = \infty$.

Größe	Relation
Weltlinie $W_{L(a_e)}(a)$	$\dfrac{c}{H_0} \cdot a \cdot \displaystyle\int_{a_e}^{a_0} \dfrac{da}{a^2 \cdot \sqrt{\Omega_{m,0} \cdot a^{-3} + \Omega_{\Lambda,0}}}$
Lichtkegel $L_{C(a_0)}(a)$	$\dfrac{c}{H_0} \cdot a \cdot \displaystyle\int_{a}^{a_0} \dfrac{da}{a^2 \cdot \sqrt{\Omega_{m,0} \cdot a^{-3} + \Omega_{\Lambda,0}}}$
Partikelhorizont $d_{ph}(a)$	$\dfrac{c}{H_0} \cdot a \cdot \displaystyle\int_{0}^{a} \dfrac{da}{a^2 \cdot \sqrt{\Omega_{m,0} \cdot a^{-3} + \Omega_{\Lambda,0}}}$

Tabelle 5.5.1: Die Elemente des sichtbaren Universums abhängig vom Skalenparameter

Größe	Relation
Weltlinie $W_{L(z_e)}(z)$	$\dfrac{c}{H_0} \cdot \dfrac{1}{1+z} \cdot \displaystyle\int_{0}^{z_e} \dfrac{dz}{\sqrt{\Omega_{m,0} \cdot (1+z)^3 + \Omega_{\Lambda,0}}}$
Lichtkegel $L_{C(z_0)}(z)$	$\dfrac{c}{H_0} \cdot \dfrac{1}{1+z} \cdot \displaystyle\int_{z_0}^{z} \dfrac{dz}{\sqrt{\Omega_{m,0} \cdot (1+z)^3 + \Omega_{\Lambda,0}}}$
Partikelhorizont $d_{ph}(z)$	$\dfrac{c}{H_0} \cdot \dfrac{1}{1+z} \cdot \displaystyle\int_{z}^{\infty} \dfrac{dz}{\sqrt{\Omega_{m,0} \cdot (1+z)^3 + \Omega_{\Lambda,0}}}$

Tabelle 5.5.2: Die Elemente des sichtbaren Universums abhängig von der Rotverschiebung

In den beiden folgenden Abschnitten beschäftigen wir uns mit dem Verhalten der Größen untereinander und nähern uns so mehr und mehr dem Verständnis vom sichtbaren Universum.

Um die Elemente des sichtbaren Universums und die Beziehungen zwischen ihnen anschaulich darstellen zu können, benutzt man gewöhnlich zweidimensionale Raumzeit-Diagramme. Dabei werden auf einer Achse die kosmische Zeit, auf der anderen der auf eine Raumdimension reduzierte Raum dargestellt. Das hört sich kompliziert an, ist es aber nicht. Üblicherweise werden in einem Raumzeitdiagramm die horizontale Achse als Raumachse und die vertikale Achse als Zeitachse verwendet. Wir brechen mit dieser Konvention und machen es genau umgekehrt, dadurch motiviert, dass in den Relationen, mit denen wir arbeiten, die Zeit bzw. der Skalenwert und die Rotverschiebung als unabhängige Variablen und Entfernungen im Raum als abhängige Variablen vorkommen. Wir folgen also nur der mathematischen Konvention, wenn wir die Zeit, den Skalenwert und die Rotverschiebung als unabhängige Variablen auf der horizontalen und den Raum als abhängige Variable auf der vertikalen Achse darstellen. Als Einheit der kosmischen Zeit wählen wir Milliarden Jahre (MrdJ) und als Distanzeinheit Milliarden Lichtjahre (MrdLj). Die im Folgenden präsentierten Abbildungen basieren ausnahmslos auf dem Referenzmodell.

Hinweis:

Sämtliche für die Darstellung der Größen berechneten Integrale wurden mit dem Programm WolframAlpha[18] ermittelt, wobei als Integrationsvariable entweder der Skalenwert a oder die Rotverschiebung z benutzt wurden. Die Umrechnung der ausgewiesenen kosmischen Epochen in die Skalenwerte erfolgte mit der Skalenfunktion des Referenzmodells gemäß 3.87.

5.2 Weltlinie und Vergangenheitslichtkegel

Wir beschäftigen uns in diesem Abschnitt mit dem Zusammenspiel der Weltlinie einer Galaxie und dem Vergangenheitslichtkegel einer Epoche. Wir stellen zunächst Weltlinien von Galaxien unterschiedlicher Rotverschiebung dar. Siehe dazu Abbildung 5.1

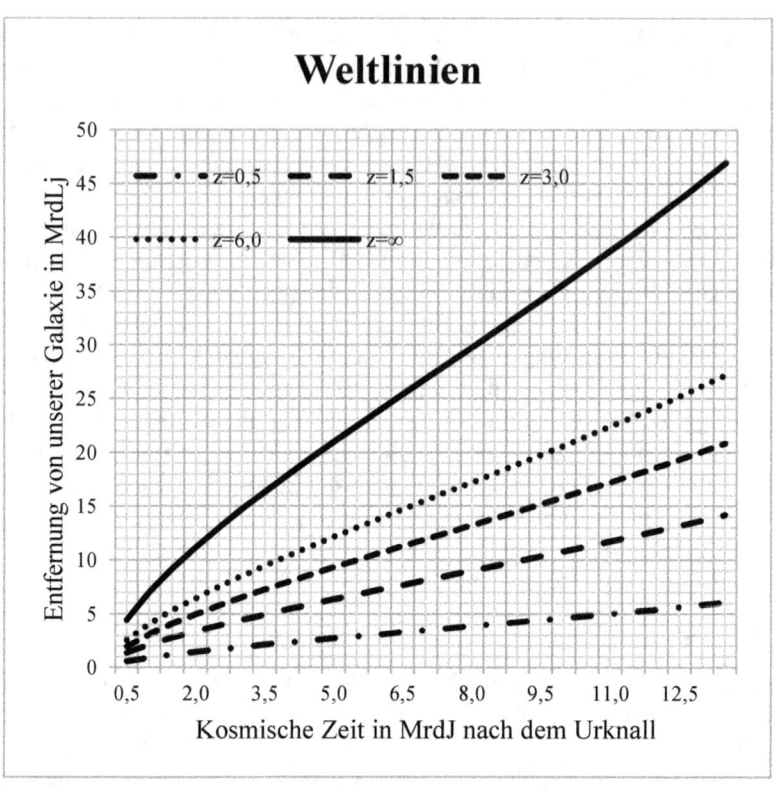

Abbildung 5.1: Weltlinien unterschiedlich rotverschobener Galaxien

Die Abbildung zeigt, dass sich die Galaxien bei ihrem Weg durch die Raumzeit voneinander entfernen. Zwischen zwei Galaxien gibt es, bis auf den Urknall, kein gemeinsames Raumzeit-Ereignis. Die Galaxie mit der Rotverschiebung $z \approx \infty$ ist die Galaxie, deren Emissionsepoche der kosmischen Zeit null entspricht. Unabhängig davon, dass im Urknall noch keine Galaxie existiert haben kann, handelt es sich dabei um eine theoretische Grenze. Von weiter zurück in der Zeit und weiter draußen im Raum können wir augenscheinlich keine Signale erwarten. Das werden wir im Folgenden aber noch genauer erörtern.

Wir widmen uns nun dem Zusammenspiel der Weltlinien mit dem Vergangenheitslichtkegel einer Epoche. Ohne Beschränkung der Allgemeinheit gehen wir dabei von der gegenwärtigen Epoche t_0 aus. Der Vergangenheitslichtkegel, das hatten wir schon erwähnt, wird auch als Weltlinie des Lichts bezeichnet. Die Bezeichnung Kegel bezieht sich auf den dreidimensionalen Raum. Obgleich wir, wie vereinbart, räumlich eindimensional arbeiten, sprechen wir weiterhin vom Lichtkegel. Der Vergangenheitslichtkegel beschreibt den Raumbereich, aus dem wir Informationen aus der Vergangenheit erhalten können. Man kann auch sagen, dass es sich um den Raumbereich handelt, der uns kausal mit der Vergangenheit verbindet. Da die Lichtgeschwindigkeit die maximal mögliche Geschwindigkeit ist, mit der Information fließen kann, ist dieser Raumbereich trivialerweise begrenzt. In der expandierenden Raumzeit nimmt die Weltlinie des Lichts eine etwas eigentümliche Form an. Sie ähnelt mit ein wenig Fantasie der Form eines geteilten bzw. halben Wassertropfens. In der Abbildung 5.2 stellen wir nun den Vergangenheitslichtkegel der gegenwärtigen Epoche zusammen mit den Weltlinien aus Abbildung 5.1 dar.

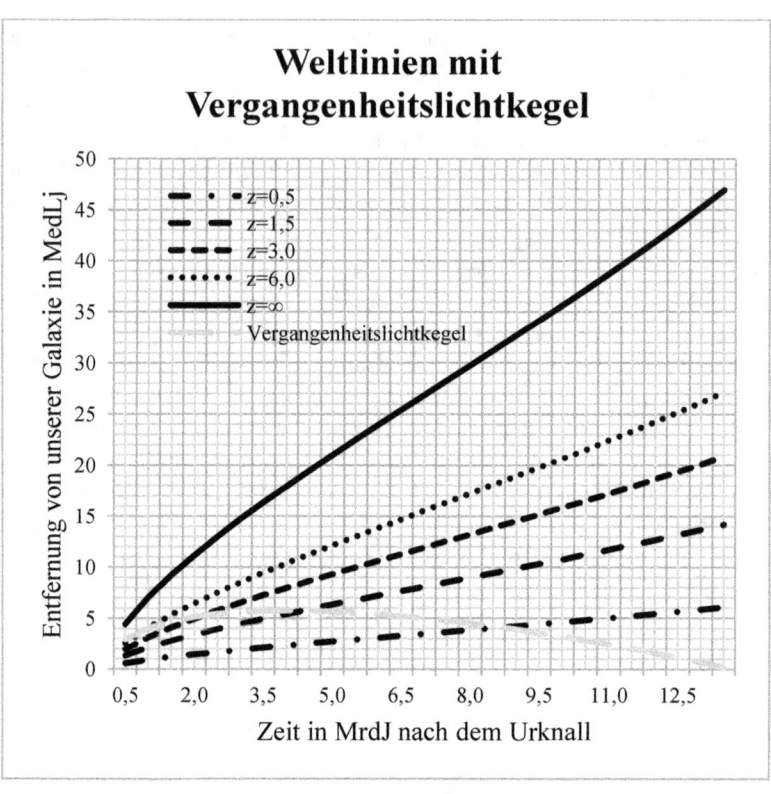

Abbildung 5.2: Weltlinien unterschiedlich rotverschobener Galaxien im Zusammenspiel mit dem Vergangenheitslichtkegel der gegenwärtigen Epoche

Wir beschäftigen uns mit zwei Aspekten dieser Abbildung. Wir erklären als Erstes das Zustandekommen der „Tropfenform" des Lichtkegels und deuten anschließend die Schnittpunkte der Weltlinien mit dem Vergangenheitslichtkegel als Emissionsereignisse, die wir heute beobachten können.

Wir machen uns ein Bild:

Ein Lichtsignal werde am Anfang der Zeit, als alle Objekte noch sehr dicht zusammen waren, in unsere Richtung emittiert. Dass wir, unsere

Galaxie, unser Sonnensystem und unsere Erde damals noch nicht existiert haben, soll uns nicht weiter stören. Das Lichtsignal besitzt relativ zum „Hubble-Strom" die konstante Geschwindigkeit - c. Das Minuszeichen steht dabei für die Annahme, dass das Signal in unsere Richtung geschickt wird, während der Hubble-Strom von uns wegtreibt. Die Photonen des Signals werden vom Hubble-Strom quasi „mitgerissen". Wenn nun die Geschwindigkeit des Hubble-Stroms, der sich von uns wegbewegt, größer ist als die des Lichts – und das war so am Beginn von Raum und Zeit –, entfernen sich die Photonen von uns. Wenn die Photonen auf ihrer Reise in Raumbereiche gelangen, die sich weniger schnell als mit Lichtgeschwindigkeit von uns entfernen, kommen diese auf uns zu, bis sie uns schließlich erreichen und uns das Bild, das sie mit sich führen, übermitteln. Ingesamt entsteht dadurch die Tropfenform des Lichtkegels. Insbesondere verfügt die Funktion des Lichtkegels über ein lokales Maximum. Wir kommen darauf zurück.

Aus den zeitabhängigen Relationen von Weltlinie und Vergangenheitslichtkegel erkennt man unmittelbar, dass es genau einen Schnittpunkt der Funktionen gibt, also genau ein gemeinsames Raumzeitereignis. Verlangt man zum Beispiel für einen Beobachter bei t_0

$$W_{L(t_e)}(t) = c \cdot a(t) \cdot \int_{t_e}^{t_0} \frac{dt}{a(t)} = c \cdot a(t) \cdot \int_{t}^{t_0} \frac{dt}{a(t)} = L_{c(t_0)}(t)$$

Mit $t > 0$, so ist

5.8 $\quad (t_e; W_{L(t_e)}(t_e)) = (t_e; L_{c(t_0)}(t_e))$.

Der Beobachter bei t_0 sieht also von einer Galaxie genau einen Zustand, nämlich ihren Zustand zum Zeitpunkt ihrer Lichtemission t_e. Er ist damit nicht einmal in der Lage zu entscheiden, ob die Galaxie zum Zeitpunkt der Detektion des Lichtsignals überhaupt noch existiert. Unsere Sicht auf das Universum ist die Sicht eines „wormlike observers"[1,7]. Der Beobachter einer späteren Epoche sieht einen späteren Lebenszeitabschnitt der Galaxie als der gegenwärtige Beobachter. Siehe dazu beispielsweise „Das sichtbare Universum"[2].

Wir widmen uns einer weiteren Frage, die unmittelbar im Zusammenhang mit der Beobachtung steht. Das ist die Frage nach der Entfernung der beobachteten Galaxie. Wir wissen bereits, dass wir die Galaxie in einem vergangenen Zustand sehen. Da sich der Raum zwischen unserer eigenen und der beobachteten Galaxie ausdehnt, muss die Distanz der beobachteten Galaxie zum Zeitpunkt ihrer Lichtemission kleiner gewesen sein als sie es heute, bei Detektion des Signals, ist. Diese Erkenntnis ist trivial und die Abbildung 5.2 zeigt dies auch. Der Verlauf der Entfernungen einer Galaxie von uns entspricht ihrer Weltlinie. Eine Galaxie, die in der Epoche t_e Photonen emittiert, die wir in der Epoche t_0 detektieren, hat in der Epoche t die Entfernung

5.9 $\quad W_{L(t_e)}(t) = c \cdot a(t) \cdot \int_{t_e}^{t_0} \frac{dt}{a(t)}$

von uns.

Von besonderem Interesse sind die Entfernungen bei der Emission des Lichtsignals, die wir mit d_e bezeichnen und die bei dessen Detektion, die wir mit d_d bezeichnen. Es ist also

5.10 $\quad d_e = c \cdot a(t_e) \cdot \int_{t_e}^{t_0} \frac{dt}{a(t)}$

und

5.11 $\quad d_d = c \cdot a(t_0) \cdot \int_{t_e}^{t_0} \frac{dt}{a(t)} = c \cdot \int_{t_e}^{t_0} \frac{dt}{a(t)}$.

d_e heißt Emissionsdistanz, d_d Detektions- oder auch Empfangsdistanz (reception distance bei Harrison[7]). Lässt man für die Emissionsepoche eine beliebige Epoche t zu mit $0 \leq t \leq t_0$, so ist

5.12 $\quad d_e(t) = c \cdot a(t) \cdot \int_{t}^{t_0} \frac{dt}{a(t)}$

und

5.13 $\quad d_d(t) = c \cdot \int_t^{t_0} \frac{dt}{a(t)}$.

Zwischen der Emissionsdistanz $d_e(t)$ und der Detektionsdistanz $d_d(t)$ gilt die Beziehung

5.14 $\quad d_e(t) = a(t) \cdot d_d(t)$.

5.11 ist nichts anderes als der Vergangenheitslichtkegel der Epoche t_0. Diesem widmen wir noch ein paar Überlegungen. Im Urknall, das heißt, bei t=0 und in der gegenwärtigen Epoche $t = t_0$ besitzt dieser den Wert null. Da die Skalenfunktion und damit die Lichtkegelfunktion differenzierbar ist[1], besitzt der Lichtkegel notwendigerweise ein lokales Maximum. Dieses finden wir durch Ableiten und Nullsetzen der Lichtkegelfunktion. Es ist

$$\frac{dL_{C(t_0)}(t)}{dt} = c \cdot a'(t) \cdot \int_t^{t_0} \frac{dt}{a(t)} - c = 0$$

und damit

5.15 $\quad a'(t) \cdot \int_t^{t_0} \frac{dt}{a(t)} = 1$.

Wir bezeichnen die Lösung mit t_E. Dann ist also

5.16 $\quad W'_{L(t_E)}(t_E) = c \cdot a'(t_E) \cdot \int_{t_E}^{t_0} \frac{dt}{a(t)} = c$.

Die Galaxie, die bei t_E, also im Maximumpunkt der Lichtkegelfunktion Photonen emittierte, die wir heute detektieren, hatte also bei t_E eine Fluchtgeschwindigkeit von c. Sie lag damit auf dem Hubble-Radius dieser Epoche. Sie ist die Galaxie, die in der Geschichte des Universums unter den für uns sichtbaren einmal am weitesten von uns entfernt war.

5.3 Der Partikelhorizont

Wir gehen in diesem Abschnitt auf die Bedeutung des Partikelhorizonts ein und stellen die Beziehung zum Vergangenheitslichtkegel und zu den Weltlinien der Galaxien her.

Die Funktion des Partikelhorizonts

5.17 $\quad d_{ph}(t) = c \cdot a(t) \cdot \int_0^t \frac{dt}{a(t)}$

beschreibt formal für jede kosmische Epoche t die Entfernung einer Galaxie, die im Urknall ein Lichtsignal emittiert, das ein Beobachter bei t detektiert. Dass im Urknall noch keine Galaxie existiert haben kann, um uns Lichtsignale zu senden, soll uns an dieser Stelle nicht weiter stören. Der Partikelhorizont einer kosmischen Epoche t ist somit die Entfernung, die Licht seit dem Urknall bis zur Epoche t zurückgelegt hat. Man kann auch sagen, dass es sich dabei um die maximale Entfernung handelt, aus der Informationen vom Urknall einen Beobachter bei t noch erreichen können oder gerade noch eine kausale Wirkung auf einen Beobachter bei t, das heißt, auf das Raumzeitereignis (t; 0) ausgeübt werden kann. Im Falle $t = t_0$ ist dieses Ereignis das Raumzeitereignis $(t_0;0)$, also unsere Zeit und unsere Galaxie. Geeigneter scheint uns die Interpretation des Horizonts als maximale Entfernung, aus der uns Lichtsignale erreichen können. Deshalb halten wir auch die Bezeichnung Beobachtungshorizont für die geeignetere, obgleich sie sich nicht durchgesetzt hat. Wir bleiben also bei dem etablierten Sprachgebrauch Partikelhorizont. Der Partikelhorizont einer Epoche t bildet die Grenze der Sichtbarkeit in dieser Epoche t. Dieser Horizontbegriff ist vergleichbar mit dem Horizontbegriff, wie wir ihn kennen. Er bildet eine Grenze, über die hinaus wir nicht blicken können, unabhängig davon, ob es dort noch etwas zu entdecken gäbe oder nicht. Man kann deshalb auch sagen:

Definition:

Das sichtbare Universum einer kosmischen Epoche t besteht aus allen Raumzeitereignissen innerhalb einer Kugel mit dem Radius $d_{ph}(t)$, in deren Mittelpunkt sich der Beobachter befindet.

Im zweidimensionalen Raumzeitdiagramm hat der Raum verabredungsgemäß eine Dimension. Das sichtbare Universum der Epoche t besteht deshalb in diesem Modell aus allen Objekten, die sich bei t nicht weiter als $d_{ph}(t)$ von der horizontalen Achse aufhalten. Wichtig ist, dass wir alle diese Objekte zwar beobachten können, wir sie aber zu unterschiedlichen Zeiten sehen, eben zum Zeitpunkt ihrer Lichtemission. Je weiter wir in den Raum hineinblicken, umso weiter blicken wir in die Vergangenheit. Die Weltlinie der Galaxie, die sich in der gegenwärtigen Epoche in Horizontentfernung befindet, ist quasi die Grenzlinie des sichtbaren Universums der gegenwärtigen Epoche. Sie hat mit dem Vergangenheitslichtkegel ausschließlich das Urknallereignis gemeinsam. Wir nennen diese Galaxie, die wir für jede kosmische Epoche definieren können, Horizontgalaxie und ihre Weltlinie Horizontlinie der jeweiligen Epoche.

Wir wissen, dass das Universum ca. 13,7 MrdJ alt ist. Beim ersten Hinsehen könnte man erwarten, dass das Licht 13,7 MrdLj seit Beginn der Zeit zurückgelegt hat. Tatsächlich sind es aber ca. 46,6 MrdLj. Siehe dazu Abbildung 5.4. Das lässt sich damit erklären, dass die Lichtteilchen von dem allgemeinen Hubble-Strom mitgerissen werden.

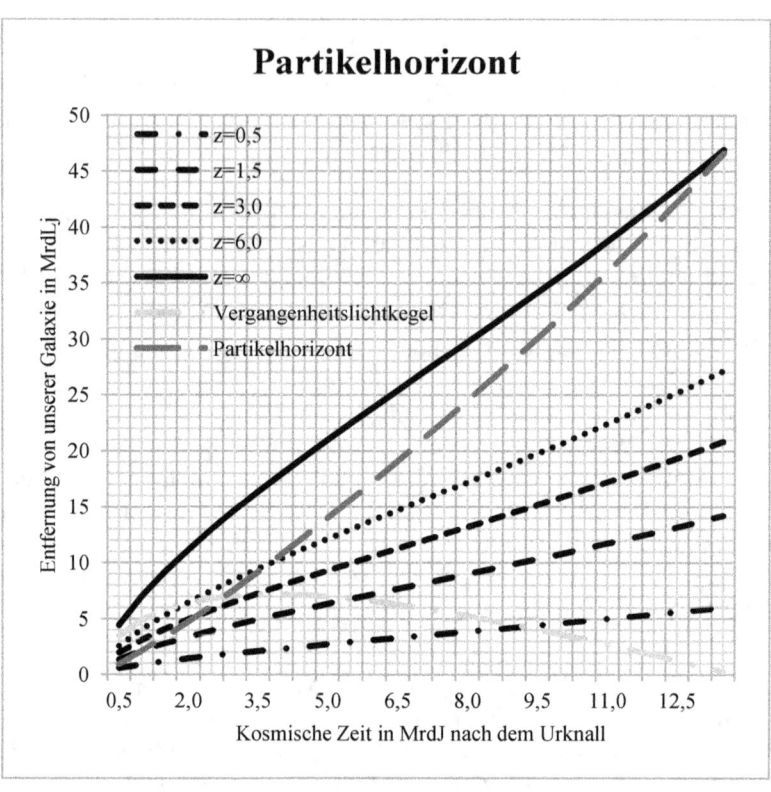

*Abbildung 5.3: Partikelhorizont zusammen mit
Weltlinien von Galaxien unterschiedlicher Rotverschiebung*

Im Referenzmodell sind die Größen, die wir vorgestellt haben nur numerisch, also mit mathematischen Näherungsverfahren lösbar. Unser Erklärungsmodell, das Einstein de Sitter-Modell, hat den entscheidenden Vorteil, dass wir sämtliche Größen analytisch ermitteln und in geschlossenen mathematischen Ausdrücken darstellen können. Wir berechnen die Größen in Abhängigkeit vom Skalenparameter im strahlungsdominierten und materiedominierten Einstein de Sitter-Modell und stellen die Ergebnisse in den Tabellen 5.2 und 5.3 zusammen. In der gegenwärtigen Epoche beispielsweise hat der Partikelhorizont eine Größe von

5.18 $d_{ph,0} = d_{ph}(a_0) = d_{ph}(1) = 2 \cdot r_{H_0}$.

Der Beobachtungshorizont der gegenwärtigen Epoche ist zwei Hubble-Radien entfernt. Wir können also theoretisch zwei Hubble-Radien tief in den Raum schauen und blicken gleichzeitig ca. 9,2 MrdJ in die Vergangenheit.

Größe	Relation
Weltlinie $W_{L(a_e)}(a)$	$2 \cdot r_{H_0} \cdot a \cdot (1 - a_e)$
Lichtkegel $L_{C(a_0)}(a)$	$2 \cdot r_{H_0} \cdot a \cdot (1 - a)$
Partikelhorizont $d_{ph}(a)$	$2 \cdot r_{H_0} \cdot a^2$

Tabelle 5.3: Die Elemente des sichtbaren Universums im strahlungsdominierten Einstein de Sitter-Universum

Größe	Relation
Weltlinie $W_{L(z_e)}(a)$	$2 \cdot r_{H_0} \cdot a \cdot (1 - \sqrt{a_e})$
Lichtkegel $L_{C(z_0)}(a)$	$2 \cdot r_{H_0} \cdot a \cdot (1 - \sqrt{a})$
Partikelhorizont $d_{ph}(a)$	$2 \cdot r_{H_0} \cdot a^{\frac{3}{2}}$

Tabelle 5.4: Die Elemente des sichtbaren Universums im materiedominierten Einstein de Sitter-Universum

Im nächsten Kapitel, das sich mit dem eigentlichen Thema dieser Arbeit befasst, benutzen wir einige Male die von der kosmischen Zeit abhängige Relation für den Partikelhorizont des Einstein de Sitter-Modells. Im strahlungsdominierten Einstein de Sitter-Universum folgt mit Tabelle 5.3 und der Skalenfunktion

5.19 $\quad a(t) = (2 \cdot H_0 \cdot t)^{\frac{1}{2}}$

5.20 $\quad d_{ph}(t) = r_{H_0} \cdot a(t)^2 = \frac{c}{H_0} \cdot 2 \cdot H_0 \cdot t = 2 \cdot c \cdot t$

und im materiedominierten Fall mit der Tabelle 5.4 und der Skalenfunktion

5.21 $\quad a(t) = \left(\frac{3}{2} \cdot H_0 \cdot t\right)^{\frac{2}{3}}$

5.22 $\quad d_{ph}(t) = 2 \cdot r_{H_0} \cdot a(t)^{\frac{3}{2}} = 2 \cdot \frac{c}{H_0} \cdot \frac{3}{2} \cdot H_0 \cdot t = 3 \cdot c \cdot t$.

6 Die Inflationstheorie

In diesem Kapitel beschäftigen wir uns mit den Problemen, die aus der klassischen Urknalltheorie resultieren und mit deren Lösung durch die Inflationstheorie. Physikalische Theorien haben immer so lange Bestand wie sie nicht zu Vorhersagen führen, die mit der Beobachtung nicht übereinstimmen. Das ist für eine Theorie tatsächlich der schlimmste Fall. Die Theorie ist dann falsifiziert, sie ist schlicht falsch. In weniger kritischen Fällen gilt dies nur für einen Teil der Vorhersagen oder nur für Spezialfälle oder bestimmte Bereiche der zugrunde liegenden physikalischen Größen. Ein sehr schönes Beispiel ist die klassische newtonsche Gravitationsphysik, die immer dann durch die Ergebnisse der Allgemeinen Relativitätstheorie ersetzt werden muss, wenn infolge sehr starker Gravitationsfelder oder sehr hoher Geschwindigkeiten relativistische Effekte entstehen. Ist das nicht der Fall, kann die newtonsche Gravitation nach wie vor ohne erkennbare Fehler eingesetzt werden. Die Richtigkeit einer physikalischen Theorie kann streng genommen niemals durch Beobachtung nachgewiesen werden. Wohl aber steigt die Wahrscheinlichkeit ihrer Gültigkeit mit der Anzahl „experimenteller" Verifikationen theoretisch abgeleiteter Vorhersagen. Eine bisher nicht erfolgte Verifikation einer Vorhersage ist nicht notwendig ein Indiz für ein mögliches Versagen der Theorie. Zum Beispiel sind in der Teilchenphysik und in der Kosmologie die experimentellen Möglichkeiten für eine Verifikation oft noch nicht weit genug entwickelt. Dies war beispielsweise lange Zeit im Zusammenhang mit dem von der Teilchenphysik postulierten Higgs-Teilchen der Fall. Die Teilchenbeschleuniger waren noch nicht in der Lage, die für den Nachweis notwendigen Energien zu generieren. Wie wir wissen, ist der Nachweis der Existenz des Higgs-Teilchens inzwischen mit dem LHC in Genf gelungen. Zwischen seiner Vorhersage und seiner Entdeckung lag nahezu ein halbes Jahrhundert. Für eine Theorie nicht weniger unangenehm ist es, wenn sie Sachverhalte, für die sie eigentlich zuständig ist, nicht erklären kann. Die Probleme, um die es im vorliegenden Kontext geht, sind genau von diesem Typ. So kann die klassische Urknalltheorie die beobachtete Gleichförmigkeit des kosmischen Mikrowellenhintergrundes nicht erklären. Sie hat auch keine Erklärung für die für die Frühphase des Universums vorhergesagte extreme Flachheit. Nur geringe Abweichungen davon hätten das Universum nicht so entstehen lassen können, wie es schließlich entstanden ist und wir es beobachten. Die scheinbar extrem voreingestellte Flachheit könnte man zur Not noch als gegeben akzeptieren, ohne wirklich einen Fehler zu machen. Es entstünde kein Widerspruch zur Theorie. Physikalisch ist eine derartige Situation aber außerordentlich unbefriedigend. Wir werden im ersten Abschnitt des Kapitels die beiden genannten Probleme etwas genauer analysieren und um die Behandlung eines weiteren ergänzen. Im zweiten Abschnitt werden wir die Inflationstheorie in ihren Grundzügen kennenlernen. Sie ist als Erweiterung der klassischen Urknalltheorie in der Lage, die Probleme zu lösen. Im Anschluss werden wir uns die Lösungen ansehen.

6.1 Probleme der Urknalltheorie

Wir besprechen nun die drei bekanntesten Probleme der Urknalltheorie. Im Einzelnen sind dies das sogenannte Horizontproblem, das Flachheitsproblem und das Problem der magnetischen Monopole.

Das Horizontproblem:

Das Horizontproblem ergibt sich aus der beobachteten Homogenität der kosmischen Hintergrundstrahlung. Die Quellen der kosmischen Hintergrundstrahlung umfassen nach Berechnungen der Urknalltheorie ein Raumgebiet, dessen Durchmesser mehrere Horizontdistanzen misst. Die Strahlung, die aus diesem Raumgebiet kommt, können wir heute „beobachten" und vermessen. Sie ist, wie wir wissen, extrem homogen, das heißt, aus welcher Richtung kommend wir die Strahlung auch immer messen, sie hat immer die gleiche Temperatur. Nach geltender Physik kann sich aber kein Prozess schneller als mit Lichtgeschwindigkeit ausbreiten. Es ist deshalb mit der klassischen Urknalltheorie nicht vereinbar, dass sich die Temperatur des Universums seit dem Urknall so gleichmäßig über das gesamte Raumgebiet hatte ausbilden können, wie sie sich nachweislich bis zur Rekombinationsepoche ausgebildet hat.

Wir nutzen für die Darstellung des Problems das Einstein de Sitter-Universum. Wir wissen, dass die Größe des gegenwärtigen Partikelhorizonts bei zwei Hubble-Radien r_{H_0} liegt. Es gilt also

6.1 $\quad d_{ph,0} = 2 \cdot r_{H_0}$.

Wir wissen außerdem, dass die kosmische Hintergrundstrahlung bei t_r in Folge der Rekombination frei wurde. Aus der Homogenität der Strahlung folgt, dass sich die Größe $d(t_r)$ des homogenen Bereiches bei t_r mithilfe des Skalenparameters a_r aus $d_{ph,0}$ abschätzen lässt durch

6.2 $\quad d(t_r) = d(a_r) \approx a_r \cdot d_{ph,0} = 2 \cdot a_r \cdot r_{H_0}$.

Andererseits hat der Partikelhorizont in der Rekombinationsepoche im Einstein de Sitter-Universum die Größe

6.3 $\quad d_{ph}(a_r) = 2 \cdot a_r^{\frac{3}{2}} \cdot r_{H_0}$.

Das Verhältnis der beiden Größen $d(a_r)$ und $d_{ph}(a_r)$ liegt damit bei

6.4 $\quad \dfrac{d(a_r)}{d_{ph}(a_r)} \approx \dfrac{2 \cdot a_r \cdot r_{H_0}}{2 \cdot a_r^{\frac{3}{2}} \cdot r_{H_0}} = a_r^{-\frac{1}{2}}$.

Wir wissen, dass sich das Universum in der Rekombinationsepoche auf der Skala $a_r \approx 9{,}1 \cdot 10^{-4}$ (siehe 4.23) befand, sodass aus 6.4

6.5 $\quad \dfrac{d(a_r)}{d_{ph}(a_r)} \approx 30$

folgt. Aus der gegenwärtig beobachteten Homogenität der Hintergrundstrahlung folgt also, dass die Strecke, die Licht bis zur Rekombinationsepoche seit dem Urknall zurückgelegt haben müsste, um den Faktor 30 größer ist als der aus der Theorie resultierende Partikelhorizont. Und dieser entspricht ja gerade der Strecke, die Licht oder besser jede Informationsübertragung seit dem Urknall maximal zurückgelegt haben kann.

Das bedeutet, dass das klassische Urknallmodell die beobachtete Gleichförmigkeit der Hintergrundstrahlung nicht erklären kann. Zur Klarstellung, das Modell sagt keineswegs die Inhomogenität der Hintergrundstrahlung vorher. Sie wäre damit ja falsifiziert. Sie kann ihre Gleichförmigkeit nur nicht erklären. Dies gilt im Übrigen unabhängig vom Modell, also auch für das Referenzmodell. Wir berechnen beispielhaft das obige Verhältnis nach der Vorhersage des Referenzmodells. Wir berechnen zunächst die Partikelhorizonte der gegenwärtigen und der Rekombinationsepoche. Es gilt

6.6 $\quad d_{ph}(a) = \dfrac{c}{H_0} \cdot a \cdot \int_0^a \dfrac{da}{a^2 \cdot \sqrt{\Omega_{r,0} \cdot a^{-4} + \Omega_{m,0} \cdot a^{-3} + \Omega_{\Lambda,0}}}$.

Mit a=1,0 und $a_r = 9{,}1 \cdot 10^{-4}$ wird

6.7 $\quad d_{ph}(a_0) \approx 3{,}4 \cdot 10^{-3} \cdot r_{H_0}$

und

6.8 $\quad d_{ph}(a_r) \approx 6{,}1 \cdot 10^{-5} \cdot r_{H_0}$.

Mit $d(a_r) = a_r \cdot d_{ph}(a_0)$ ist dann

6.9 $\quad \dfrac{d(a_r)}{d_{ph}(a_r)} = \dfrac{a_r \cdot d_{ph}(a_0)}{d_{ph}(a_r)} \approx \dfrac{3{,}1 \cdot 10^{-3}}{6{,}1 \cdot 10^{-5}} \approx 50$.

Wir bewerten das Horizontproblem. Wir beobachten einerseits die gleichförmige Expansion des Universums nach dem Geschwindigkeits-Distanz-Gesetz von Hubble und wir detektieren andererseits den kosmischen Mikrowellenhintergrund mit nahezu gleicher Temperatur über dem gesamten Himmel. Unter anderem auf diesen beiden Säulen basiert die Theorie vom heißen Urknall. Danach ist die Hintergrundstrahlung im Zuge der Rekombination, als sich das Universum auf einer Skala von etwa $a_r \approx 10^{-3}$ befand, frei geworden. Diese Strahlung beobachten wir heute. Wenn wir den Grund für die Gleichförmigkeit der Strahlung auf bekannte physikalische Gesetze zurückführen wollen, müssen wir annehmen, dass bis zur Rekombinationsepoche ein kausaler Kontakt zwischen den am weitesten auseinanderliegenden Raumgebieten, von denen die Strahlung ausging, möglich geworden war. Ein kausaler Kontakt kann aber nach geltenden physikalischen Gesetzen maximal mit Lichtgeschwindigkeit zustande kommen. Wie wir gesehen haben, liegen die Raumgebiete, von denen wir heute Strahlung empfangen, im Einstein de Sitter-Modell etwa um den Faktor 30 über der Entfernung, die Licht vom Urknall bis zur Rekombinationsepoche zurückgelegt haben kann. Das ist ein echtes Dilemma für die Theorie. Denn eine Gleichförmigkeit „Deus ex Machina" kann sich kein Physiker ernsthaft vorstellen. Es muss also eine andere Lösung geben, wenn die Theorie in diesem Punkt Bestand haben soll. Insofern handelt es sich bei dem Horizontproblem um ein sehr schwerwiegendes kosmologisches Problem.

Das Flachheitsproblem:

Unter dem Flachheitsproblem versteht man das erstaunliche Phänomen, dass der Dichteparameter $\Omega(t)$ zum Beginn der Zeit extrem genau abgestimmt gewesen sein muss, wenn die gegenwärtig beobachtete Gesamtdichte zu dem Gesamtdichteparameter Ω_0 mit

6.10 $\quad \Omega_0 \approx 1 \pm 0{,}02$

führen soll[11]. Dafür gibt es im klassischen Urknallmodell keine Erklärung. Es handelt sich also, wie eingangs erwähnt, nicht um ein wirkliches Problem der Theorie als vielmehr um eine aus wissenschaftlicher Sicht einigermaßen unbefriedigende Situation. Wir schätzen nun den Dichteparameter $\Omega(t)$, wie er von der Theorie für die Frühphase des Universums vorhergesagt wird. Mit dem totalen Dichteparameter $\Omega(t)$ gilt (siehe 3.62)

6.11 $\quad \Omega(t) - 1 = \dfrac{k}{a(t) \cdot H(t)^2}$.

Wir schätzen nun, ausgehend vom aktuellen totalen Dichteparameter Ω_0 den Dichteparameter $\Omega(t)$ für das frühe Universum. Dabei unterstellen wir $|k|=1$. Wäre k=0, das Universum also flach, so wären wir mit $\Omega(t) = \Omega_0 = 1$ fertig. Der Wert des Dichteparameters läge heute und damit schon immer exakt bei eins. Der gegenwärtig beobachtete Dichteparameter liegt dagegen bei (siehe oben) $\Omega_0 \approx 1 \pm 0{,}02$. Als Näherung für die Skalenfunktion verwenden wir die Skalenfunktion des Einstein de Sitter-Universums, für die strahlungsdominierten Epochen (siehe 3.103 und 3.105)

6.12 $\quad a(t) = (2 \cdot H_0 \cdot t)^{\frac{1}{2}} = \left(\dfrac{t}{t_0}\right)^{\frac{1}{2}}$

und für die materiedominierten (siehe 3.95 und 3.98)

6.13 $\quad a(t) = \left(\dfrac{3}{2} \cdot H_0 \cdot t\right)^{\frac{2}{3}} = \left(\dfrac{t}{t_0}\right)^{\frac{2}{3}}$

Hinweis:

Wir arbeiten also mit einem strahlungs- bzw. materiedominierten Universum, das nicht 100%ig flach ist und damit nicht ganz einem Einstein de Sitter-Modell entspricht. Wir machen damit keinen allzu großen Fehler, solange sich das Universum halbwegs normal verhält, was heißen soll, dass der Krümmungsterm im Vergleich zur Strahlung und zur Materie nicht allzu sehr ins Gewicht fallen[11]. Im Rahmen der für die folgende Analyse notwendigen Genauigkeit ist diese Vorgehensweise allemal erlaubt. Siehe auch beispielsweise bei Harrison[7] und Liddle[11].

Wir schätzen nun $\Omega(t)$ für das frühe Universum ab. Wir tun dies in zwei Schritten, und zwar zunächst für t_{eq}, die Epoche der Strahlung/Materie-Gleichheit (siehe Kapitel 4). In diesem ersten Schritt befinden wir uns in der materiedominierten Phase. Wir benutzen deshalb 6.13. Aus 6.11 erhält man

6.14 $\quad |\Omega(t)-1| = \dfrac{|k|}{a(t)^2 \cdot H(t)^2} = \dfrac{|k|}{a(t)^2 \cdot \dfrac{a'(t)^2}{a(t)^2}} = \dfrac{|k|}{a'(t)^2}$

und mit 6.13

6.15 $\quad |\Omega(t)-1| \approx t^{\frac{2}{3}}$

folgt für $t \geq t_{eq}$

6.16 $\quad \dfrac{|\Omega(t)-1|}{|\Omega(t_0)-1|} = \left(\dfrac{t}{t_0}\right)^{\frac{2}{3}} = a(t)$

und dann

6.17 $\quad |\Omega(t)-1| = a(t) \cdot |\Omega(t_0)-1|$.

Für $t = t_{eq}$ ist schließlich

6.18 $\quad |\Omega(t_{eq})-1| = a(t_{eq}) \cdot |\Omega(t_0)-1|$.

Mit der Temperatur/Skalenparameter-Relation folgt (siehe 4.23, wobei wir auf die Indizierung γ verzichten)

6.19 $\quad |\Omega(t_{eq})-1| = \dfrac{T_0}{T_{eq}} \cdot |\Omega(t_0)-1|$.

Beispiel:

Mit $|\Omega_0 - 1| \approx 2 \cdot 10^{-2}$ (siehe 6.10) und

6.20 $\quad a_{eq} \approx 3 \cdot 10^{-4}$

folgt aus 6.19

6.21 $\quad |\Omega(t_{eq})-1| \approx 10^{-5}$.

Für $t < t_{eq}$ und $a(t) \approx t^{\frac{1}{2}}$ erhält man analog zur obigen Vorgehensweise

6.22 $\quad |\Omega(t) - 1| \approx t$

und dann

6.23 $\quad |\Omega(t) - 1| = \dfrac{t}{t_{eq}} \cdot |\Omega(t_{eq}) - 1|$.

Wegen

6.24 $\quad \dfrac{t}{t_{eq}} = \dfrac{\frac{t}{t_0}}{\frac{t_{eq}}{t_0}} = \left(\dfrac{a(t)}{a(t_{eq})}\right)^2 = \dfrac{\left(\dfrac{T_0}{T(t)}\right)}{\dfrac{T_0}{T(t_{eq})}} = \left(\dfrac{T(t_{eq})}{T(t)}\right)^2$

ist

6.25 $\quad |\Omega(t) - 1| = \left(\dfrac{T(t_{eq})}{T(t)}\right)^2 \cdot |\Omega(t_{eq}) - 1|$

und zusammen mit 6.19 schließlich

6.26 $\quad |\Omega(t) - 1| = \left(\dfrac{T(t_{eq})}{T(t)}\right)^2 \cdot \dfrac{T_0}{T(t_{eq})} \cdot |\Omega_0 - 1|$.

Beispiel:

Wir schätzen $|\Omega(t) - 1|$ für eine Sekunde nach dem Urknall. Mit 6.21, 6.24 und 4.36 folgt aus 6.26

$$|\Omega(t) - 1| = \left(\dfrac{T(t_{eq})}{T(t)}\right)^2 \cdot \dfrac{T_0}{T(t_{eq})} \cdot |\Omega_0 - 1| \approx 10^{-12} \cdot 10^{-5} \approx 10^{-17}.$$

Damit liegt der Gesamtdichteparameter eine Sekunde nach dem Urknall bis auf etwa 16 Nachkommastellen genau bei eins. Das Universum ist also bei $t = 1s$ mit

6.27 $\quad |\Omega(t) - 1| \approx 10^{-16}$

de facto flach. Das ist eine sehr extreme Anfangsbedingung. Je weiter wir in der Zeit zurückgehen, uns also dem Urknall nähern, umso mehr verschärft sich diese Situation in dem Sinne, dass der Dichteparameter zunehmend feiner abgestimmt gewesen sein muss. Der Dichteparameter ist damit extrem instabil. Schon unvorstellbar geringe Änderungen in der Frühphase des Universums führen zu einem Universum, das mit dem beobachteten nicht mehr übereinstimmt.

Hinweis:

Führt man die Abschätzung in einem Schritt aus und benutzt ausschließlich die Skalenfunktion zum Beispiel der strahlungsdominierten Phase, so kommt man zu einem qualitativ vergleichbaren Ergebnis. Da viele Autoren so vorgehen, zeigen wir den Unterschied, der sich daraus für die Abschätzung ergibt. Aus 6.25 wird nun

6.28 $\quad |\Omega(t) - 1| \approx \left(\dfrac{T(t_{eq})}{T(t)} \right)^2 \cdot |\Omega_0 - 1|$.

Beispiel:

Wir rechnen mit den obigen Zahlen und erhalten

6.29 $\quad |\Omega(t) - 1| \approx 10^{-14}$.

An unserem Erstaunen über die extrem exakte Abstimmung des Parameters ändert dieses Ergebnis nicht wirklich etwas.

Wir bewerten auch das Flachheitsproblem. Die Theorie sagt, wie wir gesehen haben, für das frühe Universum einen Dichteparameter $\Omega(t)$ vorher, der beinahe exakt bei eins liegt. Das ist zunächst nur sehr eigenartig, widerspricht aber keiner bekannten physikalischen Gesetzmäßigkeit. Andererseits ist eine derart exakte Anfangsbedingung, die keiner physikalischen und kosmologischen Erklärung zugänglich ist, suspekt. Insgesamt ist das Flachheitsproblem damit kein wirkliches Problem, das die Urknalltheorie hätte zu Fall bringen können. Aber jedem Physiker widerstrebt es naturgemäß, mit physikalisch nicht begründbaren Annahmen zu arbeiten[6].

Wir besprechen nun noch das dritte der bekanntesten Urknallprobleme, das Problem der magnetischen Monopole.

Das Problem der magnetischen Monopole:

Den „Großen vereinheitlichten Theorien" (siehe weiter unten und im Anhang E) zufolge sind im sehr frühen Universum, als dieses 10^{28} K oder sogar noch heißer war (siehe beispielsweise bei Harrison[7]), magnetische Monopole entstanden. Magnetische Monopole sind stabil, zerfallen also nicht und sie wechselwirken nicht mit anderen Teilchen, sodass ihre Anzahl im Zuge der Expansion des Universums erhalten geblieben sein muss. Die Theorie sagt für die gegenwärtige Epoche einen mittleren Abstand der Monopole in der Größenordnung von einigen zehntel Millimetern vorher, sodass sie grundsätzlich beobachtbar sein sollten.

Das Problem besteht darin, dass bislang kein einziger Monopol entdeckt wurde, obgleich intensiv danach gesucht wurde. Die Temperatur des Universum beim Entstehen der Monopole bezeichnen wir mit T_{GUT} (siehe auch weiter unten), den entsprechenden Skalenparameter mit a_{GUT} und die korrespondierende Zeit nach dem Urknall mit t_{GUT}. Der Theorie folgend hatten die magnetischen Monopole nach ihrer Entstehung einen mittleren Radius $r_m(t_{GUT})$ von (siehe bei Harrison[7])

6.30 $\quad r_m(t_{GUT}) \approx 10^{-29}$ cm.

Ebenfalls aus der Theorie folgt, dass ihr mittlerer Abstand $d_m(t_{GUT})$ in der Größenordnung ihres Radius gelegen haben muss, also bei

6.31 $\quad d_m(t_{GUT}) \approx 10^{-29}$ cm.

Nach der Temperatur/Skalenparameter-Relation 4.23 gilt für den Expansionsfaktor, um den sich das Universum seit Entstehung der Monopole bis heute ausgedehnt hat

$$6.32 \quad \frac{a_0}{a_{GUT}} = \frac{T_{GUT}}{T_0} \approx \frac{10^{28}}{3} \approx 10^{27}.$$

Daraus folgt, dass der mittlere gegenwärtige Abstand $d_m(t_0)$ der Monopole in der Größenordnung von

$$6.33 \quad d_m(t_0) \approx \frac{T_{GUT}}{T_0} \cdot d_m(t_{GUT})$$

liegen sollte. Mit den angenommenen Werten ist

$$6.34 \quad d_m(t_0) \approx 10^{-2} \, cm.$$

Der Abstand liegt damit in der Größenordnung von einigen zehntel Millimetern. Das bedeutet aber, dass die magnetischen Monopole grundsätzlich beobachtbar sein müssten. Das wiederum steht im Widerspruch dazu, dass tatsächlich bisher kein einziger magnetischer Monopol entdeckt wurde, obgleich intensiv danach gesucht wurde.

Wenn nun unterstellt wird, dass die magnetischen Monopole existent und prinzipiell detektierbar sind, sie andererseits aber nicht beobachtet werden, dann handelt es sich auch bei dem Problem der magnetischen Monopole um ein schwerwiegendes Problem der Urknalltheorie. Alternativ könnten die Theorien, die die Entstehung und Existenz magnetischer Monopole vorhersagen, falsch sein. Das wird aber mehrheitlich nicht so gesehen.

Unter anderem durch die geschilderten Probleme der Urknalltheorie motiviert führten Untersuchungen durch Alan Guth Ende der 1970er Jahre zur Entdeckung der Inflationstheorie. Mit den Grundzügen dieser Theorie und ihrem Beitrag zur Lösung der aufgezeigten Probleme werden wir uns in den nächsten beiden Abschnitten beschäftigen.

6.2 Grundzüge der Inflationstheorie

Wir sind nicht in der Lage, die physikalischen Grundlagen der Inflationstheorie wissenschaftlich exakt darzustellen. Wir können nur versuchen, eine Ahnung von dem zu vermitteln, was sich nach Alan Guths Theorie vom inflationären Universum unmittelbar nach dem Urknall ereignet hat bzw. ereignet haben könnte.

Wir gehen aus von der Idee, dass es eine einzige fundamentale Naturkraft geben könnte[5], die durch eine Reihe kosmologischer Phasenübergänge zu den vier Grundkräften der Natur (siehe Anhang D), der Schwerkraft, der starken Kernkraft, der schwachen Kernkraft und der elektromagnetischen Kraft kondensiert sind. Diese Idee ist keineswegs sehr spekulativ. Für die elektroschwache Kraft, wie man die Vereinigung von schwacher Kernkraft und elektromagnetischer Kraft nennt, ist diese Idee nämlich in der elektroschwachen Theorie manifestiert und experimentell bestätigt. Die elektroschwache Kraft zerfiel danach bei einer Temperatur von ca. 10^{15} K etwa 10^{-11} s nach dem Urknall in die schwache Kernkraft und die elektromagnetische Kraft. Clashow, Weinberg und Salam, die Entdecker dieser Theorie erhielten 1979 für die Vereinheitlichung der schwachen Kernkraft mit der elektromagnetischen Kraft den Nobelpreis für Physik. Es lag in der Luft, dass bei noch höheren Temperaturen und damit noch näher beim Urknall ein weiterer Phasenübergang stattgefunden haben könnte, der die starke Kernkraft, von der bis dahin vereinigten GUT-Kraft getrennt hat. GUT steht für Grand Unified Theory, GUT-Kraft für die Vereinheitlichung der starken Kernkraft und der elektroschwachen Kraft. Die Spekulationen gehen noch weiter. Noch näher am Urknall und bei noch höheren Temperaturen könnte sich in einem vergleichbaren Prozess die Schwerkraft von der einstigen einzigen Urkraft abgenabelt haben. Aber der Reihe nach. Allen Vereinheitlichungsprozessen wird ein vergleichbarer Mechanismus unterstellt. Dieser beruht auf dem sogenannten Higgs-Feld und wird auch als Higgs-Mechanismus bezeichnet. Um zu verstehen, um was es sich dabei handelt, müssen wir ein wenig ausholen und uns ganz kurz mit dem physikalischen Feldkonzept beschäftigen. Am bekanntesten ist sicher das elektromagnetische Feld. Entlang der Feldlinien des elektromagnetischen Feldes überbringen die Photonen als Botenteilchen (Bosonen, siehe im Anhang C) die elektromagnetische Kraft. Analog dazu ist beispielsweise ein Gravitationsfeld zu sehen. Das Botenteilchen ist in diesem Falle das Graviton. Das Graviton existiert bislang allerdings nur in der Theorie. Der experimentelle Nachweis dieses Teilchens steht aus. Auch die beiden nicht so bekannten Naturkräfte, die starke und die schwache Kernkraft (siehe Anhang D), lassen sich auf diese Art beschreiben. Das Feldkonzept ist aber auch auf Materie anwendbar. Zum Beispiel kann man sich ein Elektron einerseits als Teilchen, andererseits als wellenartiges Feld vorstellen, das zum Beispiel in der Lage ist, auf einem Phosphorschirm ein Interferenzmuster zu erzeugen (siehe beispielsweise bei Hawking[9]). Die Physik kennt aber neben den Feldarten der Kraft- und Materieteilchen noch eine weitere. Diese hat in den vergangenen ca. 35 Jahren gleichermaßen Einzug gehalten in die Teilchenphysik wie in die Kosmologie. Man bezeichnet diese Felder nach dem Physiker Peter Higgs, der sie entdeckt hat, als Higgs-Felder. Der britische Physiker Peter Higgs hatte sie zusammen mit dem Belgier Francois Englert und dem US-Amerikaner Robert Brout bereits in den 1960er Jahren im Rahmen des sogenannten Higgs-Mechanismus postuliert. Das das Higgs-Feld konstituierende Higgs-Teilchen wurde im Juli 2012 am LHC in Genf nachgewiesen. Peter Higgs durfte dieses Ereignis 83-jährig erleben. Er und Englert – Brout ist 2011 verstorben – bekamen 2013 den Nobelpreis für Physik dafür. Wenn es stimmt, kann man sich das gesamte Universum von Higgs-Feldern durchsetzt vorstellen. Greene[5] spricht in diesem Zusammenhang vom Higgs-Ozean. Allgemein gilt, dass Felder auf Temperaturen so reagieren wie Materie. Hohe Temperaturen erzeugen schnelle Bewegungen der Materieteilchen und starke Schwankungen der Feldwerte. Zum Anbeginn der Zeit waren aufgrund der extrem hohen Temperaturen alle Feldwerte extremen Schwankungen unterworfen. Diese wurden im Laufe der Entwicklung des Universums aufgrund seiner Expansion und der damit verbundenen Abkühlung, zunehmend gedämpft. Nun verhält sich ein Higgs-Feld aber ziemlich untypisch, um nicht zu sagen eigenartig. Während bei einem „normalen" Feld der Feldwert null mit einem niedrigen Energiewert bzw. dem Energiewert null verbunden ist, verschwindet das Higgs-Feld bei einem von null verschiedenen Wert und trägt die höchste Energie bei einem Feldwert von null. Im Zuge der Abkühlung des Universums verhielt sich das

Higgs-Feld zunächst wie jedes andere Feld. Seine Werte oszillierten bei der anfangs sehr hohen Temperatur mit großen Schwankungen, wurden aber im Zuge der Abkühlung zunehmend gedämpft. Nach Unterschreitung einer bestimmten Temperatur kondensierte das Feld bei einem bestimmten, von null verschiedenen Wert. Die Kondensation entspricht einer Symmetriebrechung und ist vergleichbar mit der Kondensation von Dampf zu flüssigem Wasser oder im weiteren Schritt mit der Bildung von Eis. Greene[5] vergleicht die Vorgänge mit einer Metallschüssel, in deren Mitte sich eine Erhebung befindet, ähnlich einer Guglhupf Kuchenform. Siehe dazu Abbildung 6.1.

Abbildung 6.1: Die Potenzialschüssel des Higgs-Feldes nach Greene[5]

Während das Higgs-Feld bei hohen Temperaturen heftig hin und her „springt", wird es beim Rückgang der Temperatur mehr und mehr gedämpft und landet schließlich mit geringer Energie bzw. ohne Energie weit ab von der Schüsselmitte im „Schüsselgraben". Das Feld besitzt jetzt einen bestimmten von null verschiedenen Wert und verfügt über keine Energie. Der „Graben" der Potenzialschüssel entspricht dem, was man gewöhnlich als Vakuum bezeichnet, ein weitestmöglich „entleerter" Raum. Ein Vakuum ist nach dieser Vorstellung also ein Raum, der mit einem Higgs-Feld ausgefüllt ist. Den Prozess, der ein Higgs-Feld veranlasst, einen von null verschiedenen Wert anzunehmen, nennen die Physiker spontane Symmetriebrechung.

Nach der Vorstellung der Physiker wechselwirken die kondensierten Higgs-Felder mit allen Teilchenarten und verleihen ihnen auf diese Weise ihre spezifischen Eigenschaften, insbesondere auch ihre Massen. Bevor nämlich die Higgs-Felder kondensierten, so die Vorstellung, hatten sämtliche Teilchen die Masse null. Sie waren damit nicht unterscheidbar, die Situation also im hohen Maße symmetrisch. Nach der Kondensation erhielten die Teilchenmassen nicht verschwindende und, je nach Teilchenart, unterschiedliche Werte. Damit war die vor der Kondensation herrschende Symmetrie gebrochen. Im Zuge der Aufspaltung der elektroschwachen Kraft beispielsweise entstanden so die Photonen als Austauschteilchen der elektromagnetischen Kraft und die Austauschteilchen der schwachen Kernkraft, die W- und Z-Teilchen (sieh Anlage C). Bei der Aufspaltung der GUT-Kraft entstanden die Masseteilchen wie Quarks und Elektronen. Ganz so einfach ist die ganze Geschichte natürlich nicht. Die tatsächlichen Verhältnisse sind ungleich komplexer und, wenn überhaupt, dann nur mit jeder Menge Mathematik und Physik zu verstehen. Wir begnügen uns mit dem bisher Gesagten und widmen uns nun der Idee von Alan Guth und unserem eigentlichen Thema. Und das knüpft unmittelbar an, an die große Vereinheitlichung. Den Theorien folgend hatte das Universum bei der Aufspaltung der GUT-Kraft eine Temperatur von 10^{28} K und es war gerade einmal 10^{-36} s auf der Welt. Wir erinnern uns an die stark schwankenden Higgs-Felder und nehmen wieder unsere Schüssel zu Hilfe. Wir fragen uns – natürlich hat sich Alan Guth das gefragt –, was passieren würde, wenn das Higgs-Feld in einem frühen Stadium auf der Erhebung der Schüsselmitte „landen" und dort verbleiben würde, während sich das Universum weiter ausdehnt und abkühlt. Die Physiker sprechen in diesem Fall von einem unterkühlten Higgs-Feld. Obwohl die Temperatur geringer geworden ist und sich das Higgs-Feld dem Schüsselgraben hätte nähern müssen, verharrt es auf der Erhebung in der Mitte der Schüssel. Es hat damit eine höhere Energie, als ihm zusteht und die ist auch noch konstant, während sich das Universum weiter ausdehnt.

Hinweis:

Die Unterkühlung ist mit der Situation bei hochreinem Wasser vergleichbar, das auf weniger als null Grad C herabgekühlt werden kann, ohne, dass es zunächst zur Eisbildung kommt. Diese wird bei reinem Wasser dadurch verhindert, dass infolge der hohen Reinheit keine Angriffsflächen für die Bildung von Eiskristallen vorhanden sind.

Eine konstante Energiedichte in einem expandierenden Universum, das sollte uns bekannt vorkommen. Uns fällt sofort die kosmologische Konstante ein. Und natürlich das, was sie mit dem Universum macht. Sie beschleunigt letztendlich die Expansion. Wir sehen uns das noch einmal an. In einem adiabatisch expandierenden System (siehe Anhang A) gilt der erste Hauptsatz der Thermodynamik in der Form

6.35 $p \cdot dV + dE = 0$.

Mit $E = \delta_E \cdot V$ folgt aus 6.35 $p \cdot dV + \delta_E \cdot dV = 0$ und damit

6.36 $p = -\delta_E$.

Aus der Relativitätstheorie wissen wir (siehe zum Beispiel bei Greene[5]), dass Druck Gewicht hat. Die einer gespannten Feder zugeführte Energie beispielsweise äußert sich durch Druck und dieser generiert Schwere und damit Gravitation, eine auf sämtliche Objekte ihrer Umgebung anziehende Kraft. Was ist aber, wenn der Druck negativ ist? Ein negativer Druck drückt nicht wie ein gewöhnlicher Druck nach außen, beispielsweise gegen die Wand eines Gefäßes, in dem sich ein sich ausdehnendes Gas befindet, sondern er saugt nach innen. Der Relativitätstheorie zufolge sollte die resultierende Schwerkraft negativ sein, also abstoßend, statt anziehend. Diese abstoßende Gravitationskraft, die als Folge einer Unterkühlung des Higgs-Feldes generiert wurde, veranlasste, dass sich jede Raumregion von jeder anderen mit extrem hoher Geschwindigkeit entfernte. Dieses extreme Expansionsgeschehen in der Frühphase des Universums wird Inflation genannt und die zugrunde liegende Theorie Inflationstheorie. Die Phase, in der das Universum inflationär expandierte, wird folgerichtig als inflationäre Phase bezeichnet.

Der erste Entwurf Guths wurde schon im Jahre 1982 von Linde, Albrecht und Steinhardt überarbeitet. Diese häufig „Neue Inflation" genannte Theorie beseitigte einige „technische" Probleme[5] der ursprünglichen Theorie, auf die wir hier nicht eingehen wollen und können. Inzwischen gibt es unzählige Ableger der Inflationstheorie, die aber im Grundsatz vergleichbare Entwicklungsabläufe für das sehr frühe Universum vorhersagen. Inzwischen ist die Inflationstheorie keine einzelne Theorie mehr. Vielmehr handelt sich bei den Inflationstheorien um eine kosmologisch physikalische Konzeption, die inzwischen durch eine Fülle von Einzeltheorien interpretiert wird. Diese unterscheiden sich durch bestimmte Parameter, wobei die grundsätzliche Vorstellung einer extrem massiven und raschen Expansion (= Inflation) in der Frühphase des Universums allen Ablegern der ursprünglichen Theorie Guths gemein ist. Wir fassen das Geschehen noch einmal zusammen und orientieren uns an den Ausführungen von Greene[5] und Guth[6].

In einer sehr frühen Phase des Universums, wenn die Theorien stimmen, etwa $t = 10^{-36}$ s nach dem Urknall bei einer Temperatur von 10^{28} K, einem Energieäquivalent von ca. 10^{16} GeV und einer Gesamtenergiedichte in der Größenordnung von 10^{97} kg·m^{-3}, waren drei der grundlegenden Kräfte der Natur, die starke und schwache Kennkraft sowie die elektromagnetische Kraft noch in einer Kraft vereint. Diese GUT-Kraft hatte sich in einer noch früheren Phase (unmittelbar nach der Planck-Ära) von der Urkraft abgespalten, sodass zu dem genannten Zeitpunkt neben der Gravitation die aus den genannten drei Kräften bestehende vereinheitlichte GUT-Kraft existierte. Im Zuge der Ausdehnung und der damit verbundenen Abkühlung des Universums verharrte die Energiedichte des Higgs-Feld auf einem Wert, der weit vom echten Vakuumwert entfernt war. Sie blieb auf dem Energieplateau der Potenzialschüssel (siehe Abbildung 6.1) hängen und damit eine Zeit lang, wenn auch eine sehr kurze Zeit lang, konstant, währenddessen sich das Universum weiter abkühlte. Als Folge entstand ein negativer Druck und damit eine Antischwerkraft, die dazu führte, dass sich jede Raumregion von jeder anderen mit extrem hoher Geschwindigkeit entfernte. Das Universum blähte sich mit exponentiell wachsender Geschwindigkeit auf (im Englischen inflate). Ursprünglich im kausalen Kontakt befindliche Raumregionen wurden durch die Inflation so weit auseinandergetrieben, dass sie nicht mehr in der Lage waren, über mit Lichtgeschwindigkeit sich ausbreitende Signale miteinander zu kommunizieren. Die Phase der exponentiellen Expansion (= Inflationsphase) dauerte nur ca. 10^{-34} s.

Trotzdem dehnte sich das Universum in dieser extrem kurzen Zeitspanne um einen Faktor aus, der abhängig von den Detailannahmen bei mindestens 10^{26} lag.

Nach spätestens ca. 10^{-34}s war der Spuk vorbei. Das Higgs-Feld war in den Schüsselgraben gerutscht und auf den niedrigsten möglichen Energiewert (= echtes Vakuum) abgesunken. Der entstandene Higgs-Ozean[5] gab den Materie- und Kraftteilchen (Quarks, Elektronen und Gluonen, siehe Anhang C) ihre Masse und die starke Kernkraft hatte sich von der elektroschwachen Kraft (schwache Kernkraft und elektromagnetische Kraft waren noch vereint) abgekoppelt. Die Temperatur des Universums war wieder auf den beim Beginn der Inflation vorliegenden Wert von ca. 10^{28}K angestiegen. Auf die der Wiedererwärmung zugrunde liegende Physik können wir nicht weiter eingehen[6]. Ab diesem Zeitpunkt gilt im Wesentlichen die klassische Urknalltheorie. Die inflationären Theorien sind demnach eine Ergänzung der klassischen Urknalltheorie, die die Entwicklung des Universums in der frühen Phase seiner Existenz bis etwa 10^{-34}s nach dem Urknall erklären und damit – wie wir noch sehen werden – die dargestellten Probleme der klassischen Theorie beseitigen können. Der Mechanismus der kosmischen Inflation hatte dafür gesorgt, dass die beim Beginn der Inflation herrschende gleichmäßige Temperatur auf das aufgeblähte Gebiet übertragen wurde. Das aufgeblähte Raumgebiet war damit wie das Ausgangsgebiet homogen, obgleich ein kausaler Kontakt über das gesamte Raumgebiet nicht möglich war.

6.3 Die kosmische Inflation in Zahlen

Die im Folgenden genannten Zahlenwerte erwecken vordergründig den Eindruck einer hohen Genauigkeit und Sicherheit in den Aussagen. Das ist absolut nicht der Fall. Mit den angenommenen Zahlenwerte beschreiben wir lediglich das Prinzip der Inflation und eines von vielen für möglich gehaltene Szenarien. Das gilt in gleicher Weise für die getroffenen Annahmen über Beginn und Ende der Inflationsphase. Darüber hinaus sind die Abläufe sehr vereinfachend dargestellt. Grundsätzlich gibt es in der wissenschaftlichen Welt an dem prinzipiellen Ablauf so gut wie keine Zweifel. So wird angenommen, dass in der frühen Phase des Universums, also nach der Planck-Phase ca. $t = 10^{-43}$ s bis zu der Zeit, in der die Temperatur auf ca. 10^{28} K gefallen war, eine „Friedmann"-Expansion stattgefunden hat. Siehe zum Beispiel bei Harrison[7]. Bis etwa $t = 10^{-36}$ s nach dem Urknall galten danach die kosmologischen Gleichungen gemäß Kapitel 2:

6.37 $\quad H(t)^2 = \left(\dfrac{a'(t)}{a(t)}\right)^2 = \dfrac{8\pi G}{3} \cdot \delta(t) + \dfrac{\Lambda}{3} - \dfrac{k}{a(t)^2}$

und

6.38 $\quad \dfrac{a''(t)}{a(t)} = -\dfrac{4\pi G}{3} \cdot \left(\delta(t) + \dfrac{3 \cdot p(t)}{c^2}\right) + \dfrac{\Lambda}{3}.$

Für diese sehr frühe Phase des Universums können wir sowohl den Lambda- als auch den Krümmungsterm vernachlässigen. Den Lambda-Term betreffend wissen wir das aus dem Abschnitt 4.5. Dass der Krümmungsterm im sehr frühen Universum keine Rolle gespielt haben kann, haben wir bereits zu Beginn dieses Kapitels gelernt. Es folgt im Übrigen unmittelbar aus 6.11, wenn man weiß, das der Dichteparameter der Strahlung im frühen Universum nahezu bei 1,0 lag. Siehe auch beispielsweise bei Harrison[7] und Liddle[11]. Wir können also 6.37 und 6.38 für sehr kleine t getrost ersetzen durch

6.39 $\quad H(t)^2 = \left(\dfrac{a'(t)}{a(t)}\right)^2 = \dfrac{8\pi G}{3} \cdot \delta(t)$

bzw.

6.40 $\quad \dfrac{a''(t)}{a(t)} = -\dfrac{4\pi G}{3} \cdot \left(\delta(t) + \dfrac{3 \cdot p(t)}{c^2}\right).$

Hinweis:

Wir arbeiten also mit einem strahlungsdominierten Einstein de Sitter-Modell.

Wir haben gesehen, dass die Energiedichte während der Inflationsphase konstant blieb und dadurch einen negativen Druck erzeugte. Mit δ für die konstante Energiedichte und p für den konstanten Druck gilt für die Dauer der Inflation

6.41 $H(t)^2 = \left(\dfrac{a'(t)}{a(t)}\right)^2 = \dfrac{8\pi G}{3} \cdot \delta$

und damit

6.42 $H = H(t) \equiv \text{const}.$

Aus $\dfrac{a'(t)}{a(t)} = H = \text{const}$ folgt $a'(t) = a(t) \cdot H$

mit der Lösung

6.43 $a(t) = e^{H \cdot t}$.

Geht man mit der Zustandsgleichung für die Vakuumenergie

6.44 $p = -c^2 \cdot \delta$.

in die Beschleunigungsgleichung 6.41, so wird

6.45 $\left(\dfrac{a''(t)}{a(t)}\right)^2 = \dfrac{8\pi G}{3} \cdot \delta$.

Wenn die Expansion in der Inflationsphase nicht perfekt exponentiell war, dann war sie aber in jedem Fall beschleunigt. Aus 6.45 folgt nämlich

6.46 $a''(t) > 0$.

Sei nun t_i der Beginn der exponentiellen Expansion. Die Temperatur des Universum beim Start der Inflation, die sogenannte GUT-

Temperatur bezeichnen wir mit T_{GUT}. Mit 6.43 gilt für einen Zeitpunkt t mit $t \geq t_i$, der noch innerhalb der Inflationsphase liegt

$$6.47 \quad \frac{a(t)}{a(t_i)} = e^{H \cdot (t-t_i)}.$$

Wir schätzen H^{-1} beim Beginn der exponentiellen Expansion durch das Alter des Universums ab (siehe auch bei Harrison[7]), sodass

$$6.48 \quad \frac{a(t)}{a(t_i)} = e^{H \cdot (t-t_i)} \approx e^{\frac{1}{t_i} \cdot (t-t_i)} = e^{\frac{t}{t_i}-1}$$

gilt. e^η mit

$$6.49 \quad e^\eta = \frac{a(t_e)}{a(t_i)}$$

wird als Inflationsfaktor bezeichnet. Dabei entspricht η bis auf eins (siehe 6.48) der Dauer der Inflationsphase in Einheiten des Weltalters beim Beginn der Inflation. Wir schätzen nun die Größe des Inflationsfaktors, der mindestens notwendig ist, um ein vor der Inflation homogen ausgebildetes Raumgebiet auf die Größe aufzublähen, die das Horizontproblem gerade gegenstandslos werden lässt. Wir gehen aus von der Größe des Partikelhorizonts der gegenwärtigen Epoche, von dem Bereich also, von dem wir durch Beobachtung wissen, dass er extrem homogen ist. Diesen skalieren wir mithilfe der kosmischen Skalenfunktion auf das Ende der Inflationsphase. Wir wissen, dass sich die Temperatur des Universums am Ende der Inflationsphase wieder auf die GUT-Temperatur hochgeschaukelt hatte. Auf die Physik dieses Prozesses, den die Physiker „Reheating" nennen, können wir an dieser Stelle nicht eingehen. Siehe aber beispielsweise bei Guth[6]. Mit dieser Information ausgestattet, schätzen wir die Ausdehnung des homogen ausgebildeten Bereichs zum Ende der Inflationsphase mithilfe der Temperatur/Skalenfunktion 4.23. Die Ausdehnung dieses Bereichs sollte damit bei mindestens

6.50 $\quad d(t_e) \approx a(t_e) \cdot d_{ph}(t_0) = \dfrac{T_0}{T_{GUT}} \cdot d_{ph}(t_0)$

liegen. Wir gehen nun von einem homogenen Raumgebiet $d(t_i)$ vor der Inflation aus, dessen Durchmesser in der Größenordnung des Partikelhorizonts bei t_i lag. Damit ist

6.51 $\quad d(t_i) \approx d_{ph}(t_i)$.

Für den Partikelhorizont verwenden wir die im materiedominierten (hier bei t_0) bzw. strahlungsdominierten (hier bei t_i) Einstein de Sitter-Universum geltenden Relationen (siehe 5.22 und 5.20)

6.52 $\quad d_{ph}(t_0) = 3 \cdot c \cdot t_0$

bzw.

6.53 $\quad d_{ph}(t_i) = 2 \cdot c \cdot t_i$.

Insgesamt ergibt sich für den Inflationsfaktor, der das Raumgebiet der Größe $d(t_i)$ auf ein Raumgebiet der Größe $d(t_e)$ aufbläht,

$$e^\eta = \dfrac{d(t_e)}{d(t_i)} = \dfrac{\dfrac{T_0}{T(t_{GUT})} \cdot d_{ph}(t_0)}{d_{ph}(t_i)} = \dfrac{3 \cdot c \cdot \dfrac{T_0}{T(t_{GUT})} \cdot t_0}{2 \cdot c \cdot t_i} \approx \dfrac{T_0}{T(t_{GUT})} \cdot \dfrac{t_0}{t_i}$$

und damit

6.54 $\quad e^\eta \approx \dfrac{T_0}{T(t_{GUT})} \cdot \dfrac{t_0}{t_i}$.

Mit $t_i = 10^{-36}\,s$, $T_0 = 3K$, $T(t_{GUT}) \approx 10^{28}\,K$ und $t_0 \approx 3 \cdot 10^{17}\,s$ (Weltalter im Einstein de Sitter-Universum) ist dann

6.55 $\quad e^\eta \approx \dfrac{T_0}{T(t_{GUT})} \cdot \dfrac{t_0}{t_i} \approx \dfrac{3}{10^{28}} \cdot \dfrac{3 \cdot 10^{17}}{10^{-36}} \approx 10^{26}$.

Das Universum wird damit zwischen Beginn und Ende der Inflationsphase auf das 10^{26}-Fache aufgebläht. Dieser nicht vorstellbare Ausdehnungsfaktor wird erreicht in der mindestens genau so wenig vorstellbaren extrem kurzen Zeitspanne von weniger als 10^{-34}s. Mit $e^\eta \approx 10^{26}$ ist nämlich

$H \cdot (t_e - t_i) \approx 26 \cdot \ln(10) \approx 60$ und dann

6.56 $\quad \eta = \dfrac{t_e}{t_i} - 1 \approx 60$.

Die Inflationsphase endet also bei

6.57 $\quad t_e \approx 60 \cdot t_i \approx 6 \cdot 10^{-35}$s

Nach dem Urknall. Der Expansionsfaktor, dem die Expansion des Universums seit Beginn der Inflationsphase bis in die Gegenwart unterworfen wurde, liegt damit bei

$$\frac{a(t_0)}{a(t_i)} = \frac{a(t_e)}{a(t_i)} \cdot \frac{a(t_0)}{a(t_e)} = e^\eta \cdot \frac{T_{GUT}}{T_0} \approx 10^{26} \cdot 10^{27} \approx 10^{53}.$$

Wie bezeichnen diesen totalen Expansionsfaktor mit $E(t_0)$ und kürzen ab mit E_0. Es gilt also

6.58 $\quad E_0 = e^\eta \cdot \dfrac{T_{GUT}}{T_0} \approx 10^{53}$.

Unseren Annahmen folgend liegt die Größe des bei Beginn der Inflation homogenen Raumgebietes auf der Skala des Partikelhorizonts. Damit ist

6.59 $\quad d(t_i) = d_{ph}(t_i) = 2 \cdot c \cdot t_i \approx 2 \cdot 3 \cdot 10^{10} \cdot 10^{-36} \approx 10^{-25}$ cm.

Durch die kosmische Inflation mit dem Inflationsfaktor 10^{26} wurde dieses Raumgebiet auf die Größe

6.60 $\quad d(t_e) = e^\eta \cdot d(t_i) \approx 10^{26} \cdot 10^{-25} = 10$ cm aufgebläht. Das ist gerade einmal die Größe einer Pampelmuse. Der totale Expansionsfaktor von 10^{53} trieb den homogenen Raumbereich auf die gegenwärtige Größe von

$$6.61 \quad d(t_0) = E_0 \cdot d(t_i) = e^{\eta} \cdot \frac{T_{GUT}}{T_0} \cdot d(t_i) \approx 10^{53} \cdot 10^{-25} \approx 10^{28} \text{ cm}.$$

Das ist gerade die Größe des gegenwärtigen Partikelhorizonts, was natürlich nicht überraschen sollte, denn so war der Inflationsfaktor ja gerade konstruiert.

Die untere Schranke für den Inflationsfaktor können wir auch unter Ausnutzung der Anforderungen an den Dichteparameter abschätzen (siehe beispielsweise bei Liddle[11]). Es gilt

$$6.62 \quad |\Omega(t) - 1| \approx \frac{|k|}{a(t)^2 \cdot H(t)^2}.$$

Wenn wir ein strahlungsdominiertes Einstein de Sitter-Universum voraussetzen, ist (siehe 6.22)

$$6.63 \quad |\Omega(t) - 1| \approx t.$$

Damit ist

$$6.64 \quad \frac{|\Omega(t_e) - 1|}{|\Omega(t_0) - 1|} \approx \frac{10^{-34}}{3 \cdot 10^{17}} \approx 10^{-51}.$$

Mit $|\Omega(t_0) - 1| \approx 2 \cdot 10^{-2}$ (siehe 6.10) ist dann

$$6.65 \quad |\Omega(t_e) - 1| \approx 10^{-53}.$$

Wir wissen, dass während der Inflationsphase $H(t) = H$ konstant war, sodass aus 6.62

$$6.66 \quad |\Omega(t_e) - 1| \approx a(t_e)^{-2}$$

folgt. Der erforderliche Wert kann also dadurch erreicht werden, dass der Skalenparameter zwischen Beginn und Ende der Inflationsphase um einen Faktor von ca. 10^{26} ansteigt:

6.67 $\quad \dfrac{|\Omega(t_e)-1|}{|\Omega(t_i)-1|} \approx \left(\dfrac{a(t_i)}{10^{26} \cdot a(t_i)} \right)^2 \approx 10^{-52}$.

Wir betrachten nun noch Inflationsfaktoren, die größer sind als der bisher vorgestellte minimale Inflationsfaktor von $e^{\eta} = 10^{26}$, der gerade so groß gewählt ist, dass das Horizontproblem verschwindet. Es spricht nämlich nichts dagegen, dass der Inflationsfaktor auch größer war. So sind eher moderate Werte mit $\eta = 100$, aber auch Inflationsfaktoren von bis zu $10^{10^{12}}$ bekannt (siehe zum Beispiel bei Liddle[11] und Goeke[4]). Mit dem etwas moderateren Wert $\eta = 100$ wird ein Inflationsfaktor von

6.68 $\quad e^{\eta} = \dfrac{a(t_e)}{a(t_i)} \approx 10^{43}$

generiert. In diesem Fall wird ein vor der Inflation homogen ausgebildeter Raumbereich der Größenordnung 10^{-25} cm auf die Größe von ca. 10^{18} cm getrieben. Wir definieren nun noch den totalen Expansionsfaktor E(t) etwas allgemeiner als unter 6.58 als den Faktor, dem der bei Beginn der Inflation vorliegende homogen ausgebildete Raumbereich bis zur Epoche t unterworfen wurde. Er bestimmt letztlich die Größe des in der kosmischen Epoche t vorliegenden homogen ausgebildeten Raumgebietes. Es gilt

6.69 $\quad E(t) = e^{\eta} \cdot \dfrac{T_{GUT}}{T(t)}$ für $t \geq t_e$.

Hinweis:

Der Faktor $\dfrac{T_{GUT}}{T(t)}$ ist anwendbar, weil die „normale" Expansion, die nach Ende der Inflationsphase wieder einsetzt, in allen Fällen, also unabhängig von der Größe des Inflationsfaktors, mit der gleichen Expansionsdynamik verläuft, wenn auch gewissermaßen auf unterschiedlich hohem Niveau.

Mit $\eta = 100$ liegt der totale Expansionsfaktor $E_0 = E(t_0)$ in der Größenordnung von

6.70 $\quad E_0 = e^{\eta} \cdot \dfrac{T_{GUT}}{T_0} \approx 10^{43} \cdot 10^{27} \approx 10^{70}$.

Das Gebiet $d(t_0)$ mit nahezu gleicher Temperatur hätte demnach gegenwärtig eine Ausdehnung von

6.71 $\quad d(t_0) \approx 10^{45}\,\text{cm}$.

Dies entspricht in etwa einem Faktor der Größenordnung 10^{17} zwischen der Größe des homogen ausgebildeten Bereichs des Universums und dem für uns sichtbaren Universum. Danach wäre das gegenwärtige sichtbare Universum nur ein winziger Punkt im Verhältnis zu dem homogenen Bereich. Dieser ist trivialerweise mindestens so groß wie das gesamte Universum. Mit zunehmender kosmischer Zeit geraten so zunehmend größere Bereiche des homogenen Raumgebietes in unseren Beobachtungshorizont. Siehe zum Beispiel „Das sichtbare Universum"[2] und im Abschnitt 6.5.

Mit den abgeleiteten Ergebnissen sind wir nun in der Lage, die drei beschriebenen Probleme der klassischen Urknalltheorie zu lösen.

6.4 Die Lösung der Urknallprobleme

Im vorliegenden Abschnitt beschäftigen wir uns mit der Lösung der beschriebenen Probleme der klassischen Urknalltheorie. Dabei geht es um die Darstellung der grundsätzlichen Lösungsidee, wobei die verwendeten Zahlen wie bereits bei der Darstellung der Probleme eine eher untergeordnete Rolle spielen. Wir beginnen wieder mit dem Horizontproblem.

Die Lösung des Horizontproblems:

Das Horizontproblem ergibt sich, wie wir bereits wissen, aus der großräumigen Homogenität des CMB. Die Größe des durch die Inflation homogen ausgebildeten Raumbereiches liegt am Ende der Inflationsphase unter Annahme eines Inflationsfaktors e^η mit $\eta = 60$, also

6.72 $\quad e^{60} = \dfrac{a(t_e)}{a(t_i)} \approx 10^{26}$

bei

6.73 $\quad d(t_e) \approx 10 \text{ cm}.$

Der totale Expansionsfaktor $E_r = E(t_r)$ für die Rekombinationsepoche t_r liegt bei

6.74 $\quad E_r = e^\eta \cdot \dfrac{T_{GUT}}{T(t_r)} \approx 10^{26} \cdot \dfrac{10^{28}}{3 \cdot 10^3} \approx 10^{50}.$

Damit folgt für die „Größe" des durch die Inflation aufgeblähten homogenen Bereichs zur Rekombinationszeit

6.75 $\quad d(t_r) \approx E_r \cdot d(t_i) \approx 10^{25} \text{ cm}.$

Das Gebiet hatte bei der Rekombination also eine Größe von ca. 10^{25} cm. Damit ist dieser Raumbereich unter Annahme einer inflationären Phase mindestens so groß wie es die Gleichförmigkeit der Hintergrundstrahlung verlangt. Es ist nämlich

6.76 $\quad d(t_r) \approx a(t_r) \cdot d_{ph}(t_0) \approx 10^{-3} \cdot 10^{28} \approx 10^{25} \text{ cm}.$

Bei einem höheren Inflationsfaktor, zum Beispiel mit $\eta = 100$, erhält man

6.77 $\quad e^{100} = \dfrac{a(t_e)}{a(t_i)} \approx 10^{43}$

und damit für den homogen ausgebildeten Bereich in der Rekombinationsepoche

6.78 $\quad d(t_r) = E_r \cdot d(t_i) = e^n \cdot \dfrac{T_{GUT}}{T(t_r)} \cdot d(t_i) \approx 10^{43} \cdot \dfrac{10^{28}}{3 \cdot 10^3} \cdot 10^{-25} \approx 10^{42}\, cm$

Diese Raumgebiet wäre damit um das 10^{17}-Fache größer als es für den Ausgleich der Temperatur im gesamten Universum notwendig gewesen wäre und sogar um das 10^{14}-Fache größer als das gegenwärtig sichtbare Universum. Damit wird unter der Annahme einer inflationären Phase das Horizontproblem gegenstandslos.

Die Lösung des Flachheitsproblems:

Wir schätzen den Dichteparameter für die Zeit am Ende der Inflationsphase t_e, nach der die inflationäre Expansion in die klassische Expansion übergeht. Wir wissen, dass bei t_e die Temperatur des Universums nach der Aufheizung durch die frei gewordene Energie des Inflationsprozesses wieder bei etwa $10^{28}\,K$ lag (siehe beispielsweise bei Guth[6]). Es gilt also

6.79 $\quad T(t_e) \approx 10^{28}\,K$.

Mit 6.22 ist nun

6.80 $\quad |\Omega(t) - 1| \approx t \approx a(t)^{-2}$.

Es folgt

$$\dfrac{|\Omega(t_e) - 1|}{|\Omega(t_i) - 1|} \approx \left(\dfrac{a(t_e)}{a(t_i)} \right)^{-2}.$$

Mit

$$e^n = \dfrac{a(t_e)}{a(t_i)}$$

ist dann

6.81 $|\Omega(t_e) - 1| \approx e^{-2\eta} \cdot |\Omega(t_i) - 1|$.

Mit dem minimalen Inflationsfaktor von 10^{26} folgt

6.82 $|\Omega(t_e) - 1| \approx 10^{-52} \cdot |\Omega(t_i) - 1|$.

Damit sagt die Inflationstheorie am Ende der inflationären Phase de facto ein flaches Universum vorher, und zwar fast unabhängig von der Größe des Dichteparameters beim Beginn der Inflation. Die Inflation hat den Dichteparameter gegen eins getrieben bzw. das Universum so weit auseinandergetrieben, dass es flach wurde und dann bis zur heutigen Epoche nahezu flach geblieben ist. Dabei kann der Dichteparameter anfänglich, also beim Beginn der Inflation, relativ weit von eins entfernt gewesen sein. Da heißt, wenn der Dichteparameter zum Beginn der Inflation auch nur in der Größenordnung von eins lag, wurde er spätestens durch die Inflation zu eins gemacht. Dass er nicht allzu weit von eins entfernt gewesen sein konnte, beweist unsere Existenz. Denn wäre der Wert deutlich über eins gewesen, wäre das Universum schon in der Vorinflationsphase kollabiert. Andererseits, wenn der Wert deutlich unter eins gelegen hätte, wäre die Expansion so rasch erfolgt, dass Galaxien und Sterne nicht genug Zeit gehabt hätten, sich herauszubilden. Zu dieser Argumentation siehe zum Beispiel bei Guth[6].

Wir beschäftigen uns noch kurz mit einer Überlegung von Harrison zur Größe des Inflationsfaktors[7]. Harrison definiert ideale und weniger ideale Inflationsszenarien. Wir folgen dieser Vorgehensweise, indem wir zunächst die Größenordnung des Dichteparameters beim Start der Inflation t_i schätzen. Aus (siehe 6.14)

6.83 $|\Omega(t) - 1| \approx \dfrac{|k|}{a'(t)^2}$

folgt zusammen mit der Skalenfunktion

6.84 $a(t) = e^{H \cdot t}$

6.85 $\quad |\Omega(t_i) - 1| = \left(\dfrac{e^{H \cdot t_e}}{e^{H \cdot t_i}}\right)^2 \cdot |\Omega(t_e) - 1| = e^{2\eta} \cdot |\Omega(t_e) - 1|.$

Zusammen mit (siehe 6.28)

6.86 $\quad |\Omega(t) - 1| \approx \left(\dfrac{T_0}{T(t)}\right)^2 \cdot |\Omega_0 - 1|.$

ist dann

6.87 $\quad |\Omega(t_i) - 1| \approx \left(e^{\eta} \cdot \dfrac{T_0}{T(t_e)}\right)^2 \cdot |\Omega_0 - 1|.$

Wir interpretieren das Ergebnis 6.88, indem wir Fallunterscheidungen in Bezug auf die Größenordnung des Inflationsfaktors e^{η} vornehmen (siehe bei Harrison[7]). Letztlich führt diese Betrachtung zu der Vermutung, dass der Inflationsfaktor nicht allzu weit von dem unter 6.56 genannten

6.88 $\quad e^{\eta} = \dfrac{a(t_e)}{a(t_i)} \approx 10^{26}$

entfernt gewesen sein sollte.

Hinweis:

Diese Betrachtung ist keine physikalische. Sie beschäftigt sich vielmehr ausschließlich mit der Frage, welche Größenordnung des Inflationsfaktors gegebenenfalls zu welchen Seiteneffekten in Bezug auf den Dichteparameter vor der Inflationsphase und auf den der gegenwärtigen Epoche führt.

Ideale Inflation:

Wir nehmen an, dass für den Inflationsfaktor

6.89 $\quad e^{\eta} \approx \dfrac{T(t_e)}{T_0}$

gilt. Der Inflationsfaktor ist also relativ nahe bei dem Temperaturverhältnis zwischen der Temperatur des Universums der GUT-Ära und der des gegenwärtigen Universums. Dann folgt $\Omega(t_i) \approx \Omega_0$. Der Dichteparameter liegt damit beim Beginn der Inflation in der gleichen Größenordnung wie der des gegenwärtigen Universums. Die drei Probleme der klassischen Urknalltheorie werden mit diesen Annahmen gelöst (zum Problem der magnetischen Monopole siehe weiter unten. Insbesondere müsste das gegenwärtige Universum nicht notwendig sehr flach sein. Allerdings verlangt die ideale Inflation – das ist der Wermutstropfen – eine gewisse Feinabstimmung des Dichteparameters vor der Inflationsphase. Diese wird aber bei Weitem nicht mehr so extrem fein verlangt wie bei Abwesenheit der Inflation.

Große Inflation:

Wir nehmen an, dass der Inflationsfaktor deutlich größer ist als das Verhältnis der Temperaturen in der GUT-Ära und im gegenwärtigen Universum. Es gelte also

6.90 $\quad e^\eta \gg \dfrac{T(t_e)}{T_0}$.

Damit wird der Dichteparameter der gegenwärtigen Epoche tendenziell gegen eins getrieben. Es gilt nämlich

6.91 $\quad |\Omega_0 - 1| = \dfrac{|\Omega(t_i) - 1|}{\left(e^\eta \cdot \dfrac{T_0}{T(t_e)}\right)^2} \to 0$.

das heißt, je größer der Inflationsfaktor, umso näher rückt notwendigerweise der gegenwärtige Dichteparameter gegen eins. Beobachtet wird aber eine Größenordnung von (siehe 6.10)

6.92 $\quad |\Omega_0 - 1| \approx 0{,}02$.

Mit einiger Wahrscheinlichkeit stößt die Annahme einer „großen Inflation" also auf die beschriebenen Schwierigkeiten. Das Horizont- und das Monopol-Problem (siehe nächster Abschnitt) werden zwar gelöst, aber eine extreme Flachheit des heutigen Universums wird nicht beobachtet, sodass der Inflationsfaktor nicht allzu hoch angenommen werden kann.

Kleine Inflation:

Wir nehmen an, dass der Inflationsfaktor deutlich kleiner ist als das Temperaturverhältnis zwischen der Temperatur des Universums der GUT-Ära und der des gegenwärtigen Universums. Es gilt also

6.93 $\quad e^{\eta} \ll \dfrac{T(t_e)}{T_0}$.

Damit wird der Dichteparameter beim Beginn der Inflation tendenziell gegen eins getrieben. Es gilt nämlich

6.94 $\quad |\Omega(t_i) - 1| = \left(e^{\eta} \cdot \dfrac{T_0}{T(t_e)} \right)^2 \cdot |\Omega_0 - 1| \to 0$

Das heißt, je kleiner der Inflationsfaktor gewählt wird, umso näher rückt der Dichteparameter zum Beginn der Inflationsepoche an eins. Das sehr frühe Universum ist damit unerklärlich flach. Mit den Annahmen einer „small inflation" werden, falls der Inflationsfaktor nicht allzu klein ist - dann handelt es sich nicht mehr um ein inflationäres Universum -, das Horizont- und das Monopolproblem (siehe weiter unten) gelöst. In Bezug auf das Flachheitsproblem bleibt als Wermutstropfen die Unerklärbarkeit des extrem flachen sehr frühen Universums.

Zusammengefasst bleibt eine gewisse Präferenz für einen Inflationsfaktor, der nicht allzu weit von dem oben angenommenen „idealen" entfernt sein sollte.

Die Lösung des Problems der magnetischen Monopole:

Die Inflation treibt das Universum, wie wir wissen, um den Faktor

6.95 $\quad e^{\eta} = \dfrac{a(t_e)}{a(t_i)}$

auseinander, wobei η die Dauer der Inflationsphase in Einheiten von t_i minus eins ist. Die zum Beginn der GUT-Ära entstandenen magnetischen Monopole wurden durch die Inflation so weit ausgedünnt, dass ihr mittlerer Abstand am Ende der Inflationsphase nur noch bei etwa

6.96 $\quad d_m(t_e) \approx e^\eta \cdot d_m(t_i)$

liegt. Mit der Annahme $\eta = 60$ (entspricht einem Inflationsfaktor von ca. 10^{26}) ergibt sich

$$d_m(t_e) \approx e^\eta \cdot d_m(t_i) \approx 10^{26} \cdot 10^{-29},$$

also

6.97 $\quad d_m(t_e) \approx 10^{-3}\,\text{cm}.$

Die nach Ende der Inflationsphase einsetzende normale, das heißt Friedmann-Expansion, lässt das Universum noch einmal um den Faktor

6.98 $\quad \dfrac{a_0}{a(t_e)} = \dfrac{T(t_e)}{T_0} \approx \dfrac{10^{28}}{3} \approx 10^{27}$

expandieren. Insgesamt liegt damit der Expansionsfaktor zwischen dem Beginn der Inflation und heute bei

6.99 $\quad \dfrac{a_0}{a(t_i)} = e^\eta \cdot \dfrac{T(t_e)}{T_0} \approx 10^{53}.$

Der mittlere Abstand der magnetischen Monopole betrüge dann heute

6.100 $\quad d_m(t_0) \approx \dfrac{T(t_e)}{T_0} \cdot d_m(t_i).$

Damit läge der mittlere Abstand der magnetischen Monopole in der gegenwärtigen Epoche in der Größenordnung von

6.101 $\quad d_m(t_0) \approx 10^{24}\,\text{cm}.$

Das entspricht etwa einer Million Lichtjahre. Im Vergleich dazu ist die große Achse unserer Milchstraße etwa 100.000 Lichtjahre groß. Das heißt, die Wahrscheinlichkeit in unserer Galaxie auch nur einem einzigen freien magnetischen Monopol zu begegnen, ist einigermaßen klein. Es ist einzusehen, dass unter diesen Umständen das Aufspüren eines magnetischen Monopols relativ schwierig ist. Dass bis heute trotz großer Bemühungen kein freier Monopol gefunden wurde, wird mit dieser Argumentation zumindest plausibel. Wir fassen zusammen, wie die Inflationstheorie die Probleme der klassischen Urknalltheorie in Luft aufgelöst hat.

Das Horizontproblem:

Die Inflationstheorie sagt für die Rekombinationsepoche ein homogenes Raumgebiet vorher, dessen Größe nicht mehr im Widerspruch zu der beobachteten Gleichförmigkeit des CMB steht. Die Inflation bläht das vor der Inflationsphase homogene ausgebildete Raumgebiet so weit auf, dass das Horizontproblem gegenstandslos wird.

Das Flachheitsproblem:

Die Inflationstheorie sagt für das Ende der Inflationsphase – je nach Ausprägung der Theorie – ca. $t_e \approx 10^{-34}$ s nach dem Urknall einen Dichteparameter $\Omega(t_e)$ für die Gesamtdichte von nahezu eins vorher. Es ist die extreme Aufblähung der Größe des Universums, die den Dichteparameter nach der Inflationsphase gegen eins treibt und ein flaches Universum generiert. Damit ist die bis dahin nicht erklärbare extrem genaue Voreinstellung des Dichteparameters nicht mehr notwendig.

Hinweis:

Die Inflationstheorie sagt damit ein flaches Universum vorher. Inzwischen ist die Flachheit durch Beobachtungen eindrucksvoll nachgewiesen (siehe zum Beispiel bei Liddle[11]) und die Inflationstheorie in diesem Punkt bestätigt.

Das Problem der magnetischen Monopole:

Infolge des gegenüber der Standardtheorie um mindestens den Faktor 10^{27} aufgeblähten Universums – Expansionsfaktor zwischen der gegenwärtigen Epoche und dem Beginn der Inflationsphase – wird es plausibel, dass magnetische Monopole mit einem mittleren Abstand von ca. einer Million Lichtjahren (im Vergleich: die große Achse unserer Milchstraße misst gerade mal 100.000 Lichtjahre) nicht oder zumindest nur extrem schwer detektierbar sind. Die Inflation erklärt also, warum wir noch keine Monopole beobachtet haben, sodass die Theorie der magnetischen Monopole mit der um die Inflationstheorie erweiterten Urknalltheorie verträglich wird. Zumindest steht sie zu dieser nicht mehr im Widerspruch.

6.5 Die Inflation als Ergänzung des Urknalls

Wir vergleichen abschließend das inflationäre Universum mit dem Universum der klassischen Urknalltheorie.

Wir betrachten die Entwicklung des homogen ausgebildeten Bereichs und die des sichtbaren Universums nach dem klassischen Urknallmodell. Für das sichtbare Einstein de Sitter-Universum gilt

6.102 $\quad d_{ph}(t) = 2 \cdot c \cdot t$

im strahlungsdominierten und

6.103 $\quad d_{ph}(t) = 3 \cdot c \cdot t$

im materiedominierten Fall. Beide Fälle zusammenfassend können wir

6.104 $\quad d_{ph}(t) \approx c \cdot t$

schreiben. Das heute sichtbare Universum ist, wie wir wissen, auf erstaunliche Weise beinahe exakt homogen. Wir gehen nun in der kosmischen Zeit zurück und schätzen die Größe des homogenen Bereichs der kosmischen Epoche t mithilfe des Skalenparameters a(t) wie bereits oben wie folgt:

6.105 $\quad d(t) \approx a(t) \cdot d_{ph}(t_0)$.

Hinweis:

Es spricht nichts dagegen, dass der gegenwärtig homogen ausgebildete Bereich des Universums und damit das Universum größer sind ist als der gegenwärtige Partikelhorizont.

Wir setzen die nach 6.106 geschätzte Größe des homogen ausgebildeten Gebietes in der kosmischen Epoche t ins Verhältnis zum Partikelhorizont der kosmischen Epoche t. Dabei verwenden wir für den Partikelhorizont 6.109. Es folgt

6.106 $\quad \dfrac{d(t)}{d_{ph}(t)} \approx a(t) \cdot \dfrac{t_0}{t}$.

Wir verwenden für kleine t (genauer innerhalb der strahlungsdominierten Epoche) die Skalenfunktion

6.107 $\quad a(t) = (2 \cdot H_0 \cdot t)^{\frac{1}{2}} = \left(\dfrac{t}{t_0}\right)^{\frac{1}{2}}$

und für große t (genauer innerhalb der materiedominierten Epoche) die Skalenfunktion

6.108 $\quad a(t) = \left(\dfrac{3}{2} \cdot H_0 \cdot t\right)^{\frac{2}{3}} = \left(\dfrac{t}{t_0}\right)^{\frac{2}{3}}$.

Damit folgt aus 6.107 für kleine t

6.109 $\quad \dfrac{d(t)}{d_{ph}(t)} \approx a(t) \cdot \dfrac{t_0}{t} = \dfrac{t^{\frac{1}{2}}}{t_0^{\frac{1}{2}}} \cdot \dfrac{t_0}{t} = a(t)^{-1}$.

Wenn wir nun mit der kosmischen Zeit immer weiter zurückgehen, also mit $t \to 0$, so folgt

6.110 $\quad \lim_{t \to 0} \dfrac{d(t)}{d_{ph}(t)} \approx \lim_{t \to 0} a(t)^{-1} = \infty$.

Das heißt, dass sich das Universum zu keiner kosmischen Zeit - seit dem Urknall bis heute – auf herkömmliche Weise, also durch bekannte physikalische Prozesse, so homogen hätte herausbilden können, wie es sich nachweislich herausgebildet hat. Dieses Problem wird umso größer, je weiter wir uns dem Urknall nähern. So geht das Universum aus dem Raum-Zeit-Schaum (Epoche vor der Planck-Zeit) mit einem äußerst unangenehmen Missverhältnis von etwas 10^{25} zwischen der Größe des homogenen Bereichs und der Größe des sichtbaren Universums hervor – wenn wir $t_p \approx 10^{-43}$s für die Planck-Zeit[19] und $t_0 \approx 10^{17}$s für das Weltalter verwenden. Das ist letztlich das Horizontproblem. Später kausal gekoppelte Bereiche waren in der Frühphase des Universums kausal entkoppelt. In der Folge wurde dagegen der Horizont schneller größer als der entkoppelte Bereich zunahm. Ursprünglich kausal entkoppelte Bereiche wachsen mit zunehmender kosmischer Zeit zu gekoppelten Bereichen zusammen (siehe auch bei Goeke[4]). Aus 6.106 folgt nämlich für große kosmische Zeiten

6.111 $\quad \dfrac{d(t)}{d_{ph}(t)} \approx a(t) \cdot \dfrac{t_0}{t} = a(t)^{-\frac{1}{2}}$

und damit

6.112 $\quad \lim_{t \to t_0} \dfrac{d(t)}{d_{ph}(t)} \approx \lim_{t \to t_0} a(t)^{-\frac{1}{2}} = 1$.

Hinweis:

Es wäre sicher vermessen, anzunehmen, dass gerade in unserer Epoche die beiden Raumgebiete zusammengewachsen sein sollen, was mit 6.112 zum Ausdruck kommt. Schon alleine deshalb ist wahrscheinlich von einem größeren als dem minimalen Inflationsfaktor auszugehen. Andererseits führt ein zu großer Inflationsfaktor zu dem Problem, dass das heutige Universum beinahe exakt flach sein müsste, was es tatsächlich wohl nicht ist (siehe 6.91 und 6.92).

In der Abbildung 6.2 stellen wir die Größe des homogen ausgebildeten Raumgebietes, das Gebiet mit kausalen Kontakt, den Partikelhorizont also und das Verhältnis beider Größen in Abhängigkeit von der kosmischen Zeit und nach der klassischen Urknallmodell dar. Die Darstellung macht deutlich, dass sich das Horizontproblem bei Annäherung an den Urknall zunehmend verschärft. In keiner kosmischen Epoche, vom Urknall bis in die Gegenwart, bestand aber genügend Zeit, den Ausgleich der Temperaturen auf herkömmliche physikalische Weise durch kausalen Kontakt, der sich maximal mit Lichtgeschwindigkeit ausbreitet, herbeizuführen.

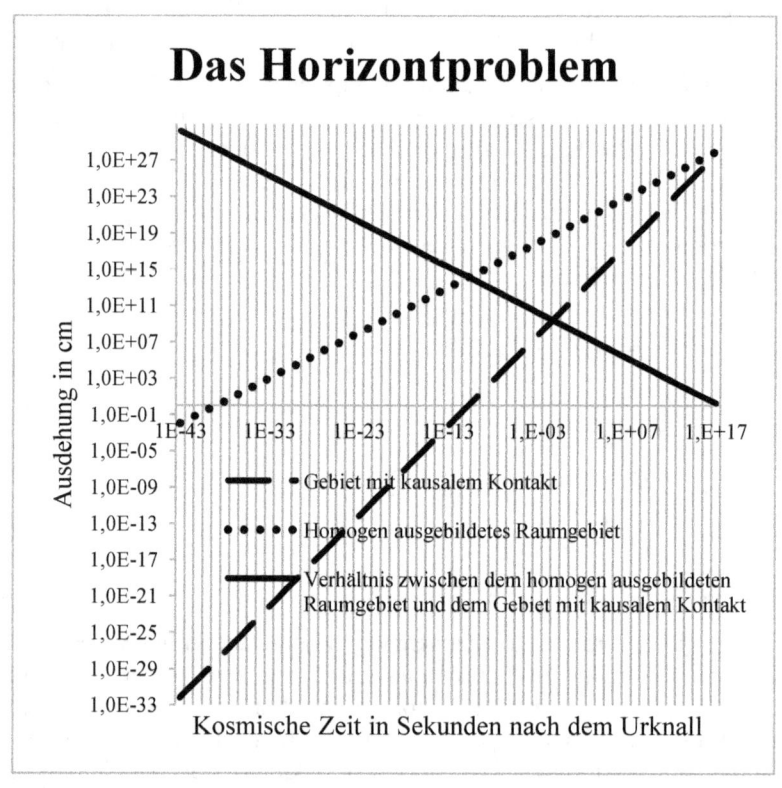

Abbildung 6.2: Das Horizontproblem

Zum besseren Verständnis gehen wir an dieser Stelle noch einmal auf die Begriffe ein, die wir für die verschiedenen Raumgebiete des Universums verwendet haben bzw. verwenden. Den von der Inflation aufgeblähten und von der danach einsetzenden „normalen" Friedmann-Expansion insgesamt generierten Raumbereich bezeichnen wir als homogen ausgebildet. Es ist also der Raumbereich, der nicht notwendig kausal gekoppelt ist. Er verfügt über eine gleich verteilte Temperatur, die nicht auf dem herkömmlichen physikalischen Weg, durch kausale Kopplung also, zustande gekommen ist. Die Lichtgeschwindigkeit als maximale Geschwindigkeit für die herkömmliche Art derartiger Kopplungsprozesse ist nicht groß genug, um den Temperaturausgleich im Rahmen der zur Verfügung stehenden Zeit herbeizuführen. Man kann auch sagen, dass das Licht nicht genug Zeit hatte, diesen Ausgleich zu bewerkstelligen. Es bedurfte eines bis dato nicht bekannten physikalischen Prozesses, der den Temperaturausgleich herbeiführte. Das war die von Alan Guth entdeckte kosmische Inflation. Der sichtbare Bereich des Universums ist dagegen gerade der Bereich, den das Licht seit dem Urknall durchlaufen konnte. Die Inflationstheorie ist allerdings auch heute noch, ca. 35 Jahre nach ihrer Entdeckung, als hoch spekulativ zu werten ist. Es gibt andere Theorien, die sich mit der Lösung der Urknallprobleme beschäftigen, die sich allerdings weniger durchgesetzt haben. Eine dieser Theorien basiert auf der Annahme der Variabilität der Lichtgeschwindigkeit. Damit rüttelt sie massiv an den Grundpfeilern der klassischen Physik. Siehe dazu beispielsweise „Schneller als die Lichtgeschwindigkeit, Entwurf einer neuen Kosmologie"[13].

Wir betrachten nun die Situation bei einer in der Frühphase des Universums angenommenen Inflationsphase. Die Inflationstheorie stellt während der Inflationsphase das Verhalten des Einstein de Sitter-Universums gewissermaßen auf den Kopf. In der Inflationsphase nimmt nämlich der Horizont im Verhältnis zu dem homogen ausgebildeten Bereich des Universums exponentiell ab. Ursprünglich kausal gekoppelte Bereiche werden auseinandergerissen und kausal entkoppelt. Wir sehen uns das formal an. Wir wissen, dass während der Inflationsphase der Hubble-Radius konstant geblieben ist (siehe 6.42). Zum Beginn der Inflation befand sich das Universum auf der Skala

6.113 $\quad d_{ph}(t_i) \approx 2 \cdot c \cdot t_i$.

Wir können annehmen, dass sich auch der Partikelhorizont, also die Größe des sichtbaren Universums während der Inflationsphase nicht extrem vergrößert hat, nach dem Modell und 6.113 um den Faktor 10^2. Wir betrachten nun die Entwicklung des Verhältnisses zwischen dem infolge der Inflation homogen ausgebildeten Gebiet und dem sichtbaren Universum am Ende der Inflationsphase.

Die Inflation bläht den bei Beginn der Inflation homogen ausgebildeten Bereich um den Inflationsfaktor e^η auf, sodass er heute mindestens die Größe des sichtbaren Universums einnimmt. In der Inflationsphase $t_i \leq t \leq t_e$ gilt

6.114 $\quad \lim\limits_{t \to t_e} \dfrac{d(t_i) \cdot \dfrac{a(t)}{a(t_i)}}{d_{ph}(t)} \approx \lim\limits_{t \to t_e} \dfrac{d_{ph}(t_i) \cdot \dfrac{a(t)}{a(t_i)}}{d_{ph}(t)} \leq 10^{-2} \cdot e^{H \cdot (t - t_i)} \approx e^\eta$.

Man kann dieses Ergebnis auch so ausdrücken (siehe beispielsweise bei Goeke[4]): In der Inflationsphase nimmt die Größe des Horizonts im Verhältnis zu dem homogen ausgebildeten Bereich des Universums exponentiell ab. Vor der Inflationsphase gekoppelte Bereiche werden auseinandergerissen und kausal entkoppelt. Nach der Inflationsphase können wir die Expansion des Universums durch das strahlungsdominierte und später das materiedominierte Einstein de Sitter-Universum beschreiben. Nach 6.114 nimmt dann das sichtbare Universum im Verhältnis zur Größe des homogenen Gebietes zu. Das heißt, immer größere Bereiche des Universums werden der Beobachtung zugänglich. Siehe auch im „Das sichtbare Universum"[2]. In den Abbildungen 6.3 und 6.4 zeigen wir die Verhältnisse in Anlehnung an Goeke[4] und Liddle[11]. In Zukunft wird ein zunehmend größerer Bereich des Universums beobachtbar sein. Siehe dazu auch „Das sichtbare Universum"[2]. Bezogen auf die beiden Abbildungen bedeutet das, dass der gefüllt markierte Bereich, der das sichtbare Universum markiert, im Verhältnis zu dem ihn umgebenden thermisch ausgeglichenen Bereich zunehmend größer wird.

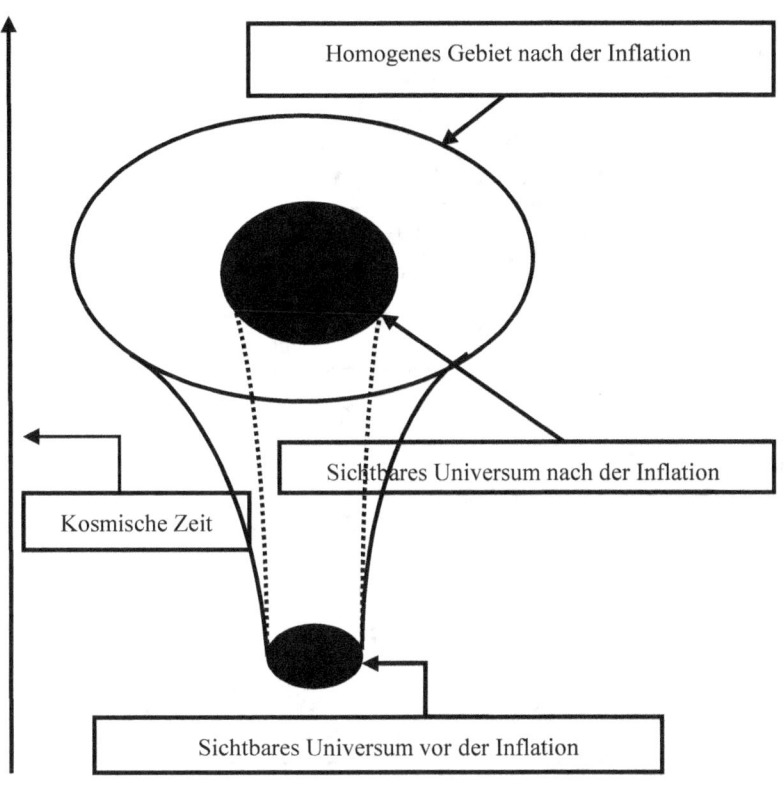

Abbildung 6.3: Die Entwicklung des Universums nach der Inflationstheorie bis zum Ende der Inflationsphase

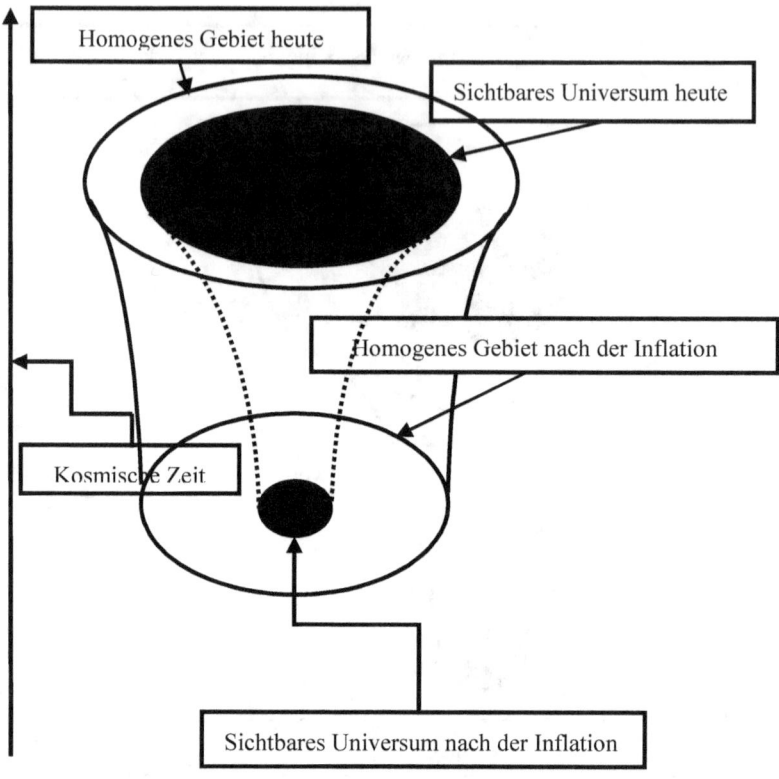

Abbildung 6.4: Die Entwicklung des Universums nach der Inflationstheorie vom Ende der Inflationsphase bis zur gegenwärtigen Epoche

Wir erinnern uns. Aufgrund des Horizontproblems haben wir bei der Rekombinationszeit ein größeres homogen ausgebildetes Gebiet verlangen müssen, als er von der klassischen Urknalltheorie vorhergesagt wird. Den Inflationsfaktor, der gerade dieser Forderung folgt, hatten wir mit etwa $\eta = 60$ identifiziert. In der Abbildung 6.5 stellen wir das entsprechende Inflationsszenario dar. Die Abbildung zeigt den Radius des Universums in cm abhängig von der kosmischen Zeit in s, wobei beide Größen logarithmisch dargestellt sind. Außerdem enthält die Abbildung die Horizontentwicklung (Entwicklung des Partikelhorizonts) nach dem

Einstein de Sitter-Modell. Aufgrund der Größenverhältnisse und der logarithmischen Darstellung wird die Darstellung des Horizontproblems in der Abbildung recht unscharf. Wir wissen, dass die Rekombinationsepoche bei

6.115 $\quad t_r \approx 1,3 \cdot 10^{13}\,s$

abgeschlossen war. Die aus der Beobachtung der Gleichförmigkeit des CMB erwartete Größe des homogenen Bereichs in der Rekombinationsepoche ist um den Faktor 30 größer als der nach der Theorie ermittelte Partikelhorizont. Das ist in der Abbildung gerade noch erkennbar. In der Abbildung 6.6 stellen wir das inflationäre Szenario mit einem etwas größeren Inflationsaktor mit $\eta = 100$ dar. Die Abbildung zeigt, dass der homogen ausgebildete Bereich des Universums um einige Größenordnungen (im angenommenen Szenario um etwa 17 Zehnerpotenzen) größer ist als das gegenwärtig von uns „überblickbare" (= gegenwärtiger Partikelhorizont). Wir sehen also nur einen winzigen Teil des Universums. Dieser hat sich aus einem bei t_i kausal zusammenhängenden Bereich in der Größenordnung von $10^{-25}\,cm$ entwickelt.

Wir sollten abschließend noch klären, ob die Inflationstheorie Auswirkungen auf unsere bisher abgeleiteten und verwendeten Gleichungen hat oder ob wir die Inflationstheorie in unseren Gleichungen gegebenenfalls vernachlässigen können. Zunächst stellen wir noch einmal fest, dass das Universum nach dem Ende der Inflationsphase wieder, jedenfalls bis heute, relativ unspektakulär nach dem klassischen Muster einer Friedmann-Expansion expandierte. Wir können deshalb in nahezu allen Fällen die klassischen Gleichungen verwenden, ohne dass wir im Vergleich zum inflationären Universum allzu große Fehler machen. Das gilt insbesondere dann, wenn wir uns nicht in der unmittelbaren Nähe der Inflationsphase aufhalten.

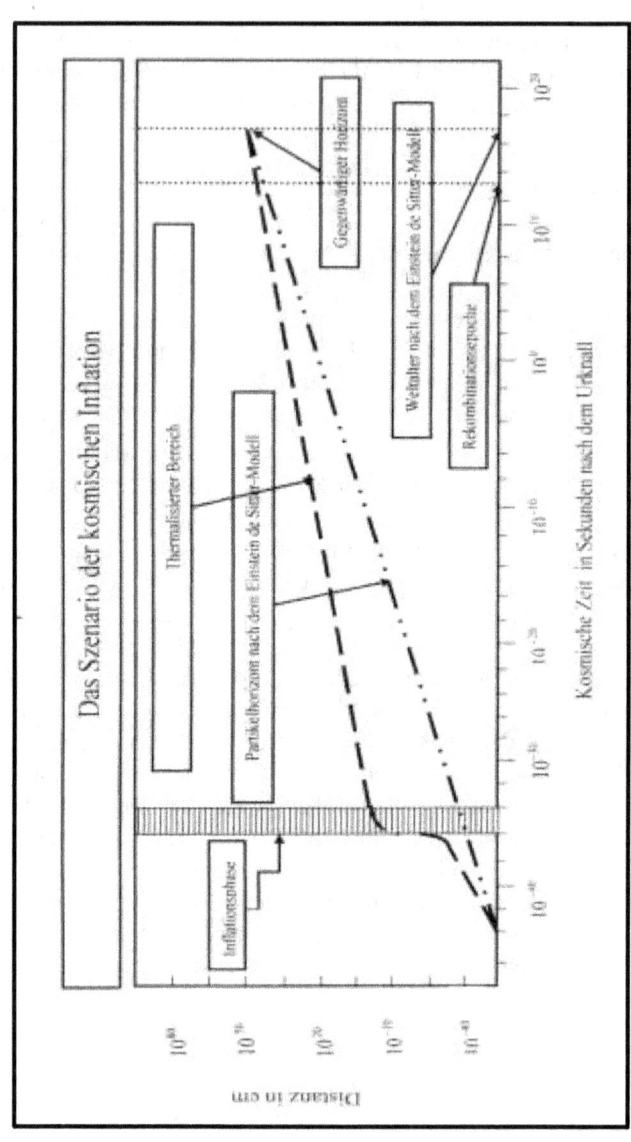

Abbildung 6.5: Das Szenario der kosmischen Inflation mit dem minimalen Inflationsfaktor

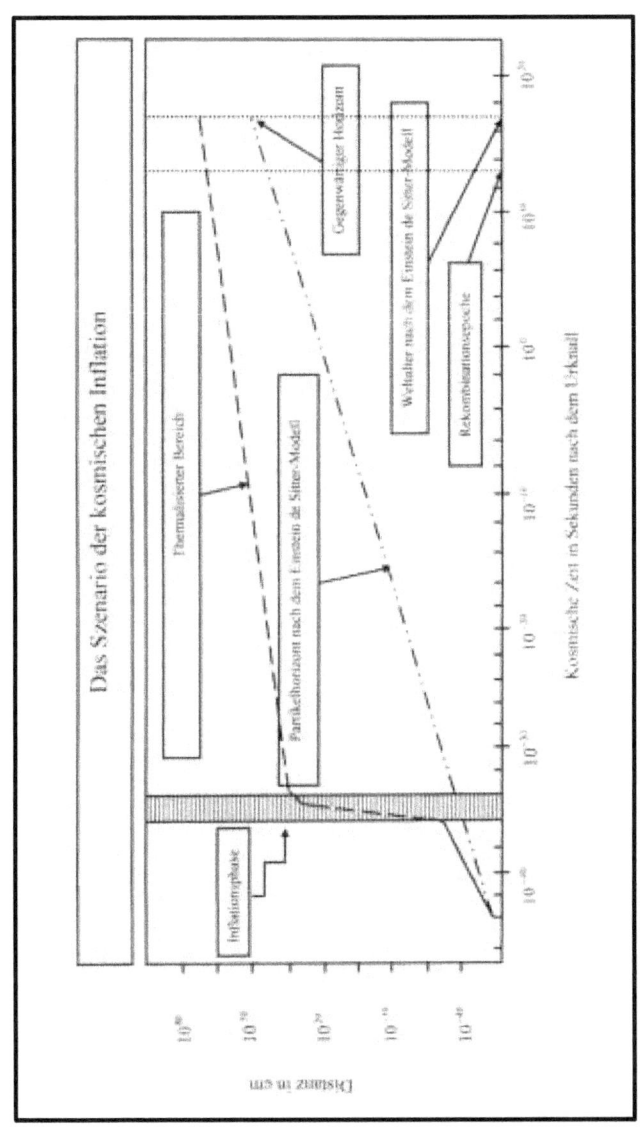

Abbildung 6.6: Das Szenario der kosmischen Inflation mit einem mittleren Inflationsfaktor

7 Ausblicke

Man kann mit Fug und Recht behaupten, dass die Kosmologie vor gewaltigen Aufgaben steht. Das gilt ungeachtet der riesigen Fortschritte, die sie innerhalb des vergangenen Jahrhunderts und innerhalb der ersten beinahe 14,5 Jahre dieses Jahrhunderts gemacht hat. Die anhaltende Unklarheit über die Konstitution der ausschließlich aufgrund ihrer gravitativen Wechselwirkung postulierten Dunklen Materie sowie die Unklarheit über die Ursache für die wohl zweifelsfrei beobachtete beschleunigte Expansion des Universums warten darauf, aufgeklärt zu werden. Die Zweifel an der Existenz der Dunklen Materei nehmen indessen zu. Unabhängig davon, ob sie berechtigt sind, rütteln sie gehörig an den Schwerkraftgesetzen und damit nicht zuletzt an den newtonschen Gravitationsgesetzen und an der Allgemeinen Relativitätstheorie. Dagegen kommen die Zweifler verständlicherweise nur schwer an. Aber auch das Standardmodell der Kosmologie müsste Federn lassen. Die Kosequenzen sind nur schwer vorhersagbar. Schon in den 1980er Jahren wurde von dem israelischen Physiker Milgrom eine alternative Gravitationstheorie entworfen. Die sogenannte MOND-Theorie – MOND von „modified newtonsche dynamic" – ist zwar in der Lage, einige der Probleme zu lösen, hat aber zum Beispiel bei der Erklärung der Lichtablenkung durch Galaxienhaufen – Stichwort Gravitationslinseneffekt – Schwierigkeiten. Die Geschichte ist augenscheinlich noch lange nicht zu Ende.

Von den am LHC in Genf geplanten Experimenten erhofft sich die Wissenschaft auch für die Kosmologie relevante Erkenntnisse. Dazu zählt unter anderem die Verifikation des supersymmetrischen Teilchenmodells. Dieses Modell ist eine Erweiterung des Standardmodells der Teilchentheorie, dessen letzter noch fehlender Baustein, das Higgs-Teilchen, im Juli 2012 am LHC nachgewiesen wurde. Das leichteste supersymmetrische Teilchen gilt unter anderen als Kandidat für die Dunkle Materie. Es hat im supersymmetrischen Modell eine hinreichend große Masse und keine elektrische Ladung und ist damit „dunkel". Es wäre tatsächlich ein großer Schritt, wenn das supersymmetrische Modell verifiziert werden könnte. Eine Sensation wäre es hingegen, wenn das Rätsel der dunklen Materie gelöst würde. Eine weitere Erwartung an die Experimente am LHC sind Hinweise auf, gegebenenfalls sogar der Nachweis der möglichen Existenz eines Quark-Gluon-Plasmas, wie es der Theorie über das früheste Universum folgend in der Quark-Ära bestanden haben soll.

Dass man von den Experimenten am LHC auch Neues über die Dunkle Energie bzw. über die Ursache der seit ca. 7 Milliarden Jahren beschleunigt ablaufenden Expansion des Universums gewinnt, ist sehr unwahrscheinlich. Das Problem der Dunklen Energie ist zunächst einmal ein Problem der theoretischen Physik. Es existieren zwar Ansätze und Ideen zur physikalischen Interpretation der kosmologischen Konstante. Ein wirklich Erfolg versprechender Vorschlag ist aber bisher nicht in Sicht. Der Versuch, die kosmologische Konstante bzw. Dunkle Energie mit Unterstützung der Quantenfeldtheorie als Energie des Vakuums zu deuten, führt zu einer Diskrepanz zwischen der theoretisch ermittelten und der beobachteten Energiedichte in Höhe von 120 Größenordnungen[9]. Durch eine etwas genauere Betrachtung[11] kommt man zwar zu einem etwas kleineren Verhältnis zwischen den betrachteten Größen. Der Faktor liegt aber immer noch bei einigen Zehnerpotenzen. Auch mit anderen Ansätzen ist es bisher nicht gelungen, den entscheidenden Durchbruch in der physikalischen Deutung der kosmologischen Konstante zu erzielen. Das Problem hat deshalb auch einen Namen. Es ist das „cosmological constant problem". Ungeachtet dessen sind Experimente geplant, die die festgestellte beschleunigte Expansion des Universums verifizieren und genauer als bisher vermessen sollen.

Die Inflationstheorie ist auch heute noch, knapp 35 Jahre nach ihrer Entdeckung als hoch spekulativ zu werten. Inzwischen ist die kosmische Inflation zu einer Art kosmologischem Prinzip herangewachsen, das zwar viele beobachtete Sachverhalte erklären kann, andererseits aber theoretischen Spekulationen Tür und Tor öffnete[17]. So entstand eine nicht nur für Laien kaum noch zu überblickende „Inflation" von Modellen, die neue Inflation, die chaotische Inflation, die ewige Inflation, Recycling-Universen und Multiversen. So spekulieren neuere Theorien darüber, dass unser Universum nur eines unter vielen ist. In diesen Universen gelten gegebenenfalls völlig andere Naturgesetze. Für eine Welt, die aus vielen Universen besteht, wurde die Bezeichnung Multiversum erfunden.

Die aktuellen Kosmologien gehen mehrheitlich davon aus, dass das Universum einen Anfang hatte und quasi aus dem Nichts – ex nihilo[6] – entstanden ist. Das größte Problem dabei ist nach wie vor die Urknallsingularität, dieser mathematisch und physikalisch nicht haltbare Zustand am Anfang des Universums, der von den Modellen als Zustand mit einer unendlich hohen Dichte, einer unendlich hohen Temperatur und einer Ausdehnung von null vorhersagt wird. An dieser Stelle stoßen die beiden großen Theorien der Physik an ihre Grenzen, die Allgemeine Relativitätstheorie Albert Einsteins einerseits und die Quantenphysik andererseits. Die Vereinheitlichung dieser Theorien ist eine der größten Herausforderungen der Physik. Obgleich es viel versprechende Ansätze gibt, ist der große Durchbruch noch nicht gelungen. Mit dem Universum sind Zeit und Raum erst entstanden. Es gibt keine Zeit davor. Für Hawking beispielsweise ist das Universum ein räumlich und zeitlich geschlossenes System[9]. Eine weitere Hypothese unterstellt ein Quantenvakuum, ein Zustand ohne Raum und Zeit, auch als Raumzeit-Schaum bezeichnet, aus dem unser Universum und gegebenenfalls viele weitere durch Quantenfluktuationen eines skalaren Energiefeldes, quasi aus dem Nichts, entstanden sind. In der Multiversumtheorie[17] besteht das Multiversum aus vielen einzelnen voneinander isolierten Universen. Der Urknall wäre dann nur unser Urknall und der Beginn unserer Raumzeit. Ob dieser Prozess der Generierung von Universen einen Anfang hatte und mit einem ersten Universum und einem ersten Urknall begann oder sogar vergangenheitsewig ist, ist umstritten. Die Zukunftsewigkeit des inflationären Universums wird mehrheitlich postuliert, gleichzeitig aber auch dessen Anfang. Andrei Linde beispielsweise argumentiert, dass der Kosmos auch vergangenheitsewig sein kann[17]: „Es ist einfach unklar, ob es einen einzigen Moment gab, vor dem der Kosmos nicht existierte. Ich sage nicht, dass sich die Inflation ewig in die Vergangenheit erstreckt. Ich weiß es nicht. Aber wer behauptet, es sei nicht so, bleibt den Beweis schuldig. Ich sehe einen solchen Beweis nicht". Vilenkin, Alvin Borde, ein US-amerikanischer Kosmologe und Alan Guth haben ein Theorem bewiesen, nach dem das zukunftsewige inflationäre Multiversum einen

Anfang haben muss. Theorem und Beweis sind aber nach wie vor umstritten.

Das alles klingt fantastisch und hinterlässt nicht unbedingt den Eindruck nüchterner Wissenschaftlichkeit. Die Mutmaßung, dass sich die uns nachfolgenden Generationen einmal amüsieren werden über diese unsere Vorstellungen von der Welt, lässt sich nicht ohne Weiteres von der Hand weisen. Die Schilderungen erinnern durchaus an den Schildkrötenturm[8], dessen oberste Schildkröte unsere Erde als flache Scheibe trägt. Aber mit der Zeit sind auch unsere technischen Beobachtungsmöglichkeiten fortgeschritten. So können wir sicher sein, dass das Universum, das in der Lage war, uns hervorzubringen, kein Schildkrötenturm ist, dass es expandiert, dass es aus einem extrem kleinen und heißen Anfangszustand hervorgegangen ist und dass es Gesetzen folgt, die von dieser Welt sind.

Es ist nur zu hoffen, dass sich die Inflationstheorie durch eine spektakuläre Vorhersage und deren Verifikation weiter erhärten lässt oder endgültig als fauler Zauber entlarvt wird[17], sie also eine Vorhersage macht, die durch die Beobachtung widerlegt werden kann. Andernfalls, so muss man befürchten, wird die Kosmologie in eine Krise geraten. Sie läuft Gefahr, trotz ihrer Erfolge, zu einer spekulativen Pseudowissenschaft zu verkommen, wenn sie fortwährend neue theoretische Spekulationen über die Entstehung der Welt, über Multiversen und über die Zeit vor dem Urknall generiert, ohne dass die alten Fragen gelöst sind. Das schadet der Wissenschaft und setzt ihre Glaubwürdigkeit aufs Spiel.

Gerade in dem Augenblick, in dem ich diese meine Weisheiten von mir gebe, läuft es über die Ticker: „Heiliger Gral der Kosmologie entdeckt", so lautet die reißerische Überschrift im Tages-Anzeiger vom 17. März 2014. US-amerikanische Kosmologen um John Kovac haben in der Hintergrundstrahlung Hinweise auf Gravitationswellen entdeckt. Ich kann es nicht beurteilen, aber das wäre eine Bestätigung für die 30 Jahre alte Hypothese vom inflationären Universum, heißt es. Alan Guth, der Erfinder der Theorie: „Das ist ein völlig neuer und unabhängiger kosmologischer Hinweis für das Bild des inflationären Universums". Die Entdeckung wäre dann wohl tatsächlich eine kosmologische Sensation und sicher nobelpreisverdächtig. Wir werden sehen.

Insgesamt bleibt das Thema jedenfalls extrem spannend. Aber wie es aussieht, benötigen die „richtigen" Antworten auch ihre Zeit. Auguren, die das Ende der Forschung und die Theorie von allem schon greifbar nahe sehen, werden – das ist meine persönliche Einschätzung – nicht recht behalten und noch etwas warten müssen. Unglücklicherweise werde ich mich aus persönlichen und zeitlichen Gründen von der Richtigkeit dieser Einschätzung nicht mehr selbst überzeugen können.

Anhang

A Physikalische Gesetze

In dieser Anlage behandeln wir relativ knapp die physikalischen Gesetzmäßigkeiten, die Grundlage sind für das Verständnis der dargestellten kosmologischen Sachverhalte.

Das Dopplergesetz

Ein wichtiges physikalisches Gesetz, das Grundlage für kosmologische Beobachtungen ist, ist das Dopplergesetz. Der sogenannte Dopplereffekt beschreibt das Verhalten von Wellen, die von einem relativ zum Beobachter bewegten Objekt emittiert werden. Wir kennen diesen Effekt aus der alltäglichen Erfahrung. Stellen wir uns dazu einen Streifenwagen vor, der mit eingeschaltetem Signalhorn auf uns zu kommt, an uns vorbei fährt und sich schließlich von uns entfernt. Kommt der Streifenwagen auf uns zu, erreichen uns die Wellenberge zunehmend schneller. Das Signal wird schriller. Wenn sich der Streifenwagen von uns entfernt, erreichen uns die Wellenberge in größeren Zeitabständen. Das Signal klingt zunehmend tiefer. Quantitativ lässt sich diese Beobachtung für elektromagnetische Wellen – nur für diese interessieren wir uns im vorliegenden Zusammenhang – wie folgt formulieren:

Doppler-Effekt

Sei v die Geschwindigkeit eines relativ zu einem Beobachter in radialer Richtung bewegten Objekts und λ_e die Wellenlänge eines von dem Objekt emittierten elektromagnetischen Signals, dann gilt für die beim Beobachter ankommende Wellenlänge λ_0 die Doppler-Beziehung

A.1 $\quad \dfrac{\lambda_0}{\lambda_e} = \dfrac{1+\dfrac{v}{c}}{\sqrt{1-\left(\dfrac{v}{c}\right)^2}}$

Ist die Geschwindigkeit v des Objekts sehr klein gegenüber der Lichtgeschwindigkeit, das heißt, $v \ll c$, so gilt näherungsweise

A.2 $\quad \dfrac{\lambda_0}{\lambda_e} \approx 1 + \dfrac{v}{c}$

und damit

A.3 $\quad \dfrac{\lambda_0}{\lambda_e} - 1 = \dfrac{\lambda_0 - \lambda_e}{\lambda_e} \approx \dfrac{v}{c}.$

A.2 heißt auch relativistische und A.3 klassische Doppler-Beziehung.

Gesetze der klassischen Physik

Die kosmologischen Gleichungen, die im Kapitel 2 behandelt werden und Grundlage sind für so gut wie alle dann noch abgeleiteten Relationen, sind Lösungen der Feldgleichungen der allgemeinen Relativitätstheorie unter der Annahme eines homogenen und isotropen Universums. Sie lassen sich grundsätzlich aber auch auf Basis der klassischen Physik herleiten, sodass man auf die ungleich komplexere Beschäftigung mit der allgemeinen Relativitätstheorie verzichten kann. Das gilt jedenfalls im vorliegenden Zusammenhang. Die für die klassische Herleitung notwendigen Gesetzmäßigkeiten werden im Folgenden zusammengestellt.

Das newtonsche Gravitationsgesetz

Sei m eine Probemasse in einem von der kugelförmigen Masse M generierten Schwerkraftfeld im Abstand r, dann gilt für die zwischen den Massen wirkende Schwerkraft F_g

A.4 $\quad F_g = G \cdot \dfrac{m \cdot M}{r^2}$.

Dabei ist G die newtonsche Gravitationskonstante (siehe Anhang B).

Das newtonsche Beschleunigungsgesetz

Sei F eine Kraft, die auf eine Masse m wirkt und diese mit der Beschleunigung a beschleunigt, dann gilt zwischen diesen Größen die Beziehung

A.5 $\quad F = m \cdot a$.

Die Zentrifugalkraft

Eine Masse m, die sich mit der Tangentialgeschwindigkeit v auf einer Kreisbahn im Abstand r zum Kreismittelpunkt bewegt, generiert eine nach außen, vom Mittelpunkt weg, gerichtete Kraft F_z mit

A.6 $\quad F_z = \dfrac{m \cdot v^2}{r}$.

Die potenzielle Energie in einem Gravitationsfeld

Sei m eine Probemasse, die sich in einem von der kugelförmigen Masse M generierten Schwerkraftfeld im Abstand r aufhält, dann gilt für die potenzielle Energie E_{pot} der Masse m

A.7 $\quad F_{pot} = G \cdot \dfrac{M \cdot m}{r}$.

Die kinetische Energie

Eine Masse m bewege sich mit der Geschwindigkeit v. Für die kinetische Energie, auch Bewegungsenergie, E_{kin} der Masse m gilt dann

A.8 $\quad F_{kin} = \dfrac{1}{2} \cdot m \cdot v^2$.

Die Ruheenergie

Eine ruhende Masse m hat die Ruheenergie E_r (einsteinsche Formel) mit

A.9 $E_r = m \cdot c^2$.

Die Kreisbahngeschwindigkeit

Die Kreisbahngeschwindigkeit v_k – auch erste kosmische Geschwindigkeit – ist die Geschwindigkeit, die eine Masse m in einem von der kugelförmigen Masse M generierten Schwerefeld im Abstand r auf einer Kreisbahn hält. Es gilt

A.10 $v_k = \sqrt{\dfrac{G \cdot M}{r}}$.

Die Flucht- oder Entweichgeschwindigkeit

Die Fluch- oder Entweichgeschwindigkeit v_e – auch zweite kosmische Geschwindigkeit – ist die Geschwindigkeit, mit der eine Masse m das von einer kugelförmigen Masse M generierte Schwerefeld in radialer Richtung verlassen kann. Es gilt

A.11 $v_e = \sqrt{\dfrac{2 \cdot G \cdot M}{r}}$.

Gesetze der Thermodynamik

Die Gesetze der Thermodynamik lassen sich auf die Frühphase des Universums anwenden, da das Universum in seinen Anfängen aus einem Gas relativistischer Teilchen bestand hat. Andererseits wird das Universum der materiedominierten Phase auf großen Skalen (≥ 100 Mpc) dadurch modelliert, dass die Galaxien als Moleküle eines Gases angesehen werden, sodass auch in diesem Fall die Gesetze der Thermodynamik angewendet werden können. Wir zitieren für diese Anwendungen die ideale Gasgleichung, den Gleichverteilungssatz und den ersten Hauptsatz der Thermodynamik. Außerdem werden die Eigenschaften der Strahlung eines schwarzen Körpers, der sogenannten Schwarzkörper- oder auch Hohlraumstrahlung besprochen. Abschließend gehen wir noch auf die Äquivalenz von Wärme und Energie ein.

Die ideale Gasgleichung

Sei V ein beliebiges Raumvolumen, das mit einem Gas der Temperatur T gefüllt ist, p der im System herrschende Druck und n die Anzahl der Gasmoleküle. Dann gilt die Ideale Glasgleichung

A.12 $\quad p \cdot V = n \cdot k_B \cdot T$.

Dabei ist k_B die nach dem Physiker Boltzmann benannte Boltzmann-Konstante mit

A.13 $\quad k_B \approx 8{,}617 \cdot 10^{-5} \ eV \cdot K^{-1}$.

Gleichverteilungssatz

Sei m die mittlere Molekülmasse der Moleküle eines idealen Gases, v deren mittlere Geschwindigkeit und T die Temperatur des Gases, dann gilt der Gleichverteilungssatz

A.14 $\quad \frac{1}{2} \cdot m \cdot v^2 = \frac{3}{2} \cdot k_B \cdot T$.

Aus den beiden Relationen A.13 und A.14 folgt für den Druck p

A.15 $\quad p = \dfrac{n \cdot k_B \cdot T}{V} = \dfrac{1}{3} \cdot \dfrac{n \cdot m}{V} \cdot v^2 = \dfrac{1}{3} \cdot \delta \cdot v^2$.

Dabei ist δ die Dichte des Gases.

Eine weitere Gesetzmäßigkeit aus der Thermodynamik ist der 1. Hauptsatz der Thermodynamik. Er beschreibt den Zusammenhang zwischen der Volumenänderung und dem Energiezuwachs bei einem unter Druck stehenden und sich ausdehnenden System.

Erster Hauptsatz der Thermodynamik

Sei p der in einem abgeschlossenen System herrschende Druck, dV die durch den Druck induzierte Volumenänderung und dE die Änderung der Energie des Systems, dann gilt

A.16 $\quad p \cdot dV + dE = 0$.

Hinweis:

Bei A.16 handelt es sich um einen Spezialfall des Ersten Hauptsatzes. Er gilt in dieser Form – rechte Seite = 0 – nur für sich adiabatisch ausdehnende Systeme. Dabei bedeutet adiabatisch reversibel in dem Sinne, dass bei einer Umkehr der Ausdehnung die Energie zurückgewonnen wird. Da es sich im Zusammenhang mit der Ausdehnung des Kosmos um eine adiabatische Expansion handelt[3], führt diese Einschränkung in vorliegenden Kontext zu keinem Nachteil.

Im Zusammenhang mit der Relation zwischen der Skalenfunktion und der Rotverschiebung wird die Energie eines Photons in Abhängigkeit von der Wellenlänge benötigt.

Energie eines Photons

Für die Energie E eines Photons gilt

A.17 $\quad E = h_p \cdot v = h_p \cdot \dfrac{c}{\lambda}$,

wobei h_p das plancksche Wirkungsquantum mit

A.18 $\quad h_p \approx 4{,}136 \cdot 10^{-15} eV \cdot s^{-1}$,

v die Strahlungsfrequenz und λ die Wellenlänge ist.

B   Maßeinheiten und Konstanten

In der vorliegenden Anlage stellen wir die benötigten physikalischen Einheiten und Konstanten zusammen.

Zeit

Die Einheit für die Zeit ist die Sekunde. Kosmologische Zeiträume werden oft auch in Zehnerpotenzen eines Jahres angegeben. Es gilt

B.1 $1 \text{ Jahr} \approx 3{,}156 \cdot 10^7 \text{ s}$.

Länge

Die Maßeinheit für die Länge ist das Meter. In der Kosmologie spielen die Einheiten Lichtjahr, abgekürzt Lj und Parsec, abgekürzt pc bzw. Megaparsec, abgekürzt Mpc eine wichtige Rolle. Es gilt

B.2 $1 \text{ Lj} \approx 9{,}461 \cdot 10^{15} \text{ m}$

B.3 $1 \text{ pc} \approx 3{,}262 \text{ Lj}$

B.4 $1 \text{ pc} \approx 3{,}086 \cdot 10^{16} \text{ m}$

B.5 $1 \text{ Mpc} = 10^6 \text{ pc}$.

Lichtgeschwindigkeit

Die Geschwindigkeit c des Lichts im Vakuum beträgt

B.6 $c \approx 299.792{,}458 \text{ m} \cdot \text{s}^{-1}$.

Im vorliegenden Zusammenhang wird mit der Näherung

B.7 $c \approx 3 \cdot 10^8 \text{ m} \cdot \text{s}^{-1}$

gerechnet.

Kraft

Die Einheit für die Kraft ist das Newton. Ein Newton ist die Kraft, die notwendig ist, um eine Masse von einem Kilogramm auf einen Meter pro Sekunde im Quadrat zu beschleunigen. Die kleinere Einheit heißt dyn. Ein dyn ist die Kraft, die notwendig ist, um eine Masse von einem Gramm auf einen Zentimeter pro Sekunde im Quadrat zu beschleunigen. Es gilt

B.8 $1 \text{ Newton} = 10^5 \text{ dyn}$.

Masse und Energie

Die Einheit für die Masse ist das Kilogramm, abgekürzt kg. Rechnet man nach der einsteinschen Formel $E_r = m \cdot c^2$ eine gegebene Masse m von einem kg in Energie um, so erhält man die Energie in der Einheit Joule (J). Ein Joule ist die Energie, um eine Kraft von einem Newton über eine Entfernung von einem Meter aufzubringen bzw. eine Masse von einem Kilogramm über eine Länge von einem Meter mit einer Beschleunigung von einem Meter pro Sekunde im Quadrat zu bewegen. Die kleinere Einheit für die Energie ist erg. Ein erg ist die Energie, die notwendig ist, um eine Kraft von einem dyn über die Entfernung von einem Zentimeter aufzubringen bzw. eine Masse von einem Gramm über eine Länge von einem Zentimeter mit einer Beschleunigung von einem Zentimeter pro Sekunde im Quadrat zu bewegen.

Eine weitere wichtige Energieeinheit ist das Elektronenvolt. Ein Elektronenvolt ist definiert als die Energie, die ein Teilchen mit der elektrischen Ladung eines Elektrons gewinnt, wenn es im Vakuum über eine Spannung von einem Volt beschleunigt wird. Ein Elektronenvolt eV entspricht Joule:

B.9 $1 \text{ eV} = 1{,}6022 \cdot 10^{-19} \text{ J}$.

Die Gravitationskonstante

Die Gravitationskonstante G hat den Wert

B.10 $G \approx 6{,}67428 \cdot 10^{-11} \text{ m}^3 \cdot \text{kg}^{-1} \cdot \text{s}^{-2}$.

Die Boltzmann-Konstante

Die Boltzmann-Konstante k_B hat den Wert

B.11 $\quad k_B \approx 8{,}617343 \cdot 10^{-5}\,eV \cdot K^{-1}$

bzw.

B.12 $\quad k_B \approx 1{,}3806504 \cdot 10^{-23}\,J \cdot K^{-1}$.

Die Planck-Konstante

Die Planck-Konstante h_P hat den Wert

B.13 $\quad h_P \approx 2 \cdot \pi \cdot 1{,}054571628 \cdot 10^{-34}\,J \cdot s$

bzw.

B.14 $\quad h_P \approx 2 \cdot \pi \cdot 6{,}58211899 \cdot 10^{-16}\,eV \cdot s$

C Das Standardmodell der Elementarteilchen

In dem vorliegenden Anhang werden wir auf einige wenige Gesetzmäßigkeiten der Teilchenphysik eingehen. Das frühe Universum war extrem heiß und extrem dicht. Für die sehr frühen Phasen des Universums gelten deshalb die Regeln der Elementarteilchenphysik. Mithilfe der experimentellen Teilchenphysik versuchen die Wissenschaftler die Zustände im frühen Universum zu untersuchen. Diese Experimente finden mit Hilfe von Teilchenbeschleunigern statt. Ein hochenergetischer Teilchenstrahl ist zwar nicht exakt dasselbe wie ein heißes Gas[6], von dem man annimmt, dass es das frühe Universum ausgefüllt hat, aber man erwartet dennoch verlässliche Aussagen über die Abläufe bei hohen Energien. Die zurzeit höchste Energie von etwa 7.000 GeV kann mit dem im Jahre 2012 in Betrieb genommenen LHD (Large Hadron Collider) am CERN bei Genf in der Schweiz erzeugt werden. Das Temperaturäquivalent liegt bei ca. $8 \cdot 10^{16}$ K. Das Alter des Universums wird bei dieser Temperatur auf 10^{-14} s geschätzt[6].

Da sich die Kosmologie des sehr frühen Universums auf die Teilchenphysik stützt, sind Aussagen bis etwa zu dieser Größenordnung einigermaßen abgesichert, wenn auch noch nicht abschließend geklärt und in Teilbereichen sicherlich spekulativ. Aussagen über frühere, noch näher beim Anfang des Universums liegende Zeiten sind als spekulativ, wenn nicht sogar als hoch spekulativ zu werten. Tatsächlich gesichert sind die Erkenntnisse bis maximal $t = 10^{-4}$ s nach dem Urknall.

Um die Entwicklung, insbesondere die der Frühphase des Universums, nachvollziehen zu können, sind gewisse Grundkenntnisse über das Standardmodell der Elementarteilchenphysik notwendig. Das Standardmodell ist eine Theorie, die die Elementarteilchen und die zwischen diesen bestehenden Kräfte, die Physiker sagen Wechselwirkungen, beschreibt. Obwohl die beiden Themen eigentlich nicht trennbar sind, werden wir uns zunächst mit den Elementarteilchen selbst beschäftigen und dann erst mit den vier Grundkräften der Natur.

Es handelt sich in allen Fällen um komplexe physikalische Theorien, sodass es hier nicht darum gehen kann, diese Theorien einerseits detailliert zu erläutern und andererseits zu verstehen. Es geht vielmehr ausschließlich darum, eine Vorstellung von den Zusammenhängen zu vermitteln, die für das Verständnis der kosmologischen Entwicklung notwenig sind.

Die Elementarteilchenphysik durchlief in den 1970er Jahren eine äußerst stürmische Entwicklung. Das vorläufige Ergebnis ist das Standardmodell der Elementarteilchenphysik, das uns ein neues Verständnis über die Zusammensetzung der Materie vermittelt. Nach diesem Modell kann die in der Natur vorkommende Materie auf wenige elementare Bausteine zurückgeführt werden. Die grundlegende Struktur der Materie nach dem Standardmodell lässt sich mithilfe der folgenden Übersicht gut darstellen und gut merken.

Elementarteilchen	Erste Generation	Zweite Generation	Dritte Generation
Quarks	Up Down	Charme Strange	Top Botton
Leptonen	Elektron E-Neutrino	Myon M-Neutrino	Tau T-Neutrino
Bosonen (Austauschteilchen)	Schwache Wechselwirkung: W^+, W^-, Z^0 Elektromagn. Wechselwirkung: Photon Starke Wechselwirkung: 8 Gluonen		
Higgs-Teilchen			

Tabelle C1: Das Standardmodell der Elementarteilchen

Der obigen Tabelle folgend sind also Quarks und Leptonen die grundlegenden Bausteine der Materie. Die sogenannten Austauschteilchen (Bosonen) sind für die Übertragung der Wirkungen zwischen den Teilchen (Wechselwirkungen) verantwortlich. Die Wechselwirkungen sind die vier grundlegenden Kräfte der Natur. Das sind in abnehmender Stärke die starke Kernkraft, die elektromagnetische Kraft, die schwache Kernkraft und die Schwerkraft. Die Physiker nennen diese Kräfte Wechselwirkung, weil ihre Wirkungen über die übliche Vorstellung einer Kraft, die entweder nur anziehend oder abstoßend wirkt, hinausgehen. Wir werden uns im nächsten Abschnitt etwas genauer mit den Wechselwirkungen befassen. Die obige Tabelle sagt nun aus, dass es für jede der Grundkräfte bestimmte Austauschteilchen gibt, die für den Austausch ihrer Wirkung, man kann auch sagen für die Übertragung ihrer Wirkung, zuständig sind. Das sind die Austauschteilchen W^+, W^- und Z^0 für die schwache Kernkraft, die Photonen für die elektromagnetische Kraft und die Gluonen für die starke Kernkraft. Es fällt auf, dass die vierte Grundkraft, die Gravitation, in der Tabelle nicht vorkommt. Es ist tatsächlich so, dass die Gravitation vom Standardmodell der Elementarteilchen nicht erfasst wird. Das liegt daran, dass man bisher mit der Quantisierung der Gravitation noch nicht den Durchbruch erzielt hat. Postuliert wird in diesem Zusammenhang das Graviton als Austauschteilchen der Schwerkraft. Die postulierten Eigenschaften des Gravitons sind mit denen des Photons vergleichbar. Seine Ausbreitungsgeschwindigkeit entspricht der Lichtgeschwindigkeit und es ist ohne Masse wie das Photon. Zurzeit gibt es zwei Richtungen, die sich mit der Quantengravitation beschäftigen. Das sind die Stringtheorie und die Loop-Quantengravitation. Beide Theorien sind bislang noch nicht so weit entwickelt, dass sie experimentell bestätigt oder widerlegt werden könnten.

Ziemlich exotisch mutet das Higgs-Teilchen an. Der britische Physiker Peter Higgs hatte es zusammen mit dem Belgier Francois Englert und dem US-Amerikaner Robert Brout bereits in den 1960er Jahren im Rahmen des sogenannten Higgs-Mechanismus postuliert. Es wurde im Juli 2012 am LHC nachgewiesen. Die beiden Physiker Higgs und Englert – Brout ist 2011 verstorben – bekamen 2013 den Nobelpreis für Physik dafür. Das Standardmodell der Elementarteilchenphysik geht davon aus, dass die Elementarteilchen ihre Masse durch eine Wechselwirkung mit dem Higgs-Teilchen erhalten. Das Higgs-Teilchen ist somit ein Austauschteilchen.

Hinweis:

Die Physik wäre einmal mehr zu einfach, wenn es nur eine Art von Higgs-Teilchen gäbe. Es werden nämlich weitere postuliert. Das mit der kosmischen Inflation assoziierte Higgs-Teilchen wird zur Differenzierung als Inflaton bezeichnet.

Wir gehen nun kurz auf die Eigenschaften der Elementarteilchen und einiger zusammengesetzter Teilchenfamilien ein, die im vorliegenden Zusammenhang eine Rolle spielen. Vorher erläutern wir noch zwei für die Teilchenphysik wichtige Begriffe, und zwar den der Antimaterie bzw. den des Antiteilchens sowie den des Spins eines Teilchens.

Antiteilchen

Zu jedem Elementarteilchen und zu jedem aus Elementarteilchen zusammengesetzten Teilchen, das in der uns umgebenden Materie vorkommt („normales Teilchen"), existiert ein Antiteilchen. Masse, Lebensdauer und Spin (siehe unten) des Antiteilchens – das sind die so genannten nicht additiven Quantenzahlen – sind mit denen des „normalen" Teilchens identisch. Alle additiven Quantenzahlen – das sind zum Beispiel Ladung, Farbladung, Baryonenzahl (siehe unten) – sind entgegengesetzt. Zum Beispiel trägt das Antiteilchen des Elektrons, das Positron, eine positive Ladung. Treffen Teilchen und Antiteilchen aufeinander, so kommt es zur sogenannten Annihilation. Die Teilchen zerstrahlen und senden zum Beispiel Photonen aus. Wenn zum Beispiel ein Elektron und ein Positron zusammentreffen und zerstrahlen, werden Photonen emittiert. Umgekehrt können aus Photonen ein Elektron und ein Positron entstehen. Man spricht in diesem Fall von Paarbildung. Die Paarbildung ist für alle Teilchen möglich. Sie setzt ein bei einer für die Teilchen spezifischen Temperatur, der sogenannten Schwellentemperatur. Diese ist äquivalent zur Ruheenergie der Teilchen.

Es gibt Teilchen, die mit ihren Antiteilchen übereinstimmen. Das sind genau die Teilchen, deren additive Quantenzahlen sich sämtlich zu null addieren. So ist zum Beispiel das Photon mit seinem Antiteilchen identisch.

Spin

Der Spin ist eine Eigenschaft der Materieteilchen, die man sich als eine Art Drall vorstellen kann. In Wahrheit ist er eine mathematische Konstruktion, die sich nur bis zu einem gewissen Grad wie ein Drehimpuls verhält. Der Spin ist eine quantenmechanische Eigenschaft und verfügt als solche über eine sogenannte Spinquantenzahl. Diese kann die Werte 0, ½ und 1 (usw. in Schritten von ½ und entsprechende negative Werte) annehmen und ist eine Erhaltungsgröße. Der Spin eines Teilchens wechselwirkt mit magnetischen Feldern und kann dadurch gemessen werden.

Quarks

Quarks sind die Elementarbausteine, aus denen man sich die Hadronen (Baryonen und Mesonen) aufgebaut vorstellt (zu den aus Quarks zusammengesetzten Hadronen, Baryonen und Mesonen siehe weiter unten). Man differenziert zwischen 3 Quark-Generationen. Jede Generation verfügt über zwei der insgesamt sechs sogenannten Quark-Flavours (flavor von Geschmacksrichtung). Zur Bezeichnung der Quarks siehe obige Tabelle. Quarks tragen neben der elektrischen Ladung eine sogenannte Farbladung. Die Farbladung kann drei Werte annehmen. Der Wertebereich besteht aus rot, grün und blau. In Analogie zur Farbenlehre addieren sich die Farbladungen zu weiß. Nach der Theorie können nur farblose, also weiße Zustände isoliert existieren. Man findet also Quarks immer nur gebunden, und zwar in sogenannten Baryonen als Kombination von drei Quarks, in Antibaryonen als Kombination von drei Antiquarks und in Mesonen als Kombination von einem Quark und einem Antiquark (siehe auch weiter unten).

Bei einer Temperatur von ca. $10^{11}K$, die einer Energie von ca. 200 MeV und der ein- bis zweifachen Dichte von Atomkernen entspricht, wird ein Zustand vorhergesagt, in welchem sich Quarks quasi wie freie Teilchen verhalten. Dieser Zustand wird als Quark-Gluon-Plasma bezeichnet.

Die elektrische Ladung eines Quarks ist entweder -1/3 oder 2/3 der Elementarladung. Daraus resultiert, dass die gebundenen Zustände (Baryonen und Mesonen, siehe weiter unten) immer eine ganzzahlige elektrische Ladung tragen. Quarks werden auch als die „schweren" Elementarteilchen bezeichnet im Unterschied zu den Leptonen, die wir nachstehend kennenlernen.

Leptonen

Die Bezeichnung Leptonen kommt aus dem Griechischen (lento=leicht, fein) und klassifiziert die Leptonen als die „leichten" Elementarteilchen. Die Bezeichnung ist historisch und diente der Differenzierung gegenüber den Baryonen (baryos = schwergewichtig) und den Mesonen (meson = mittelgewichtig). Inzwischen weiß man aber, dass zu den Leptonen auch „schwere" Teilchen zählen wie das Tau. Das ist immerhin fast doppelt so schwer wie ein Proton. Von den 6 Leptonen sind im vorliegenden Kontext eigentlich nur das Elektron und das Elektron-Neutrino relevant. Die elektrische Ladung des Elektrons ist klassisch die negative Elementarladung. Das Elektron-Neutrino verfügt über keine elektrische Ladung.

Bosonen

Als Bosonen werden die Teilchen bezeichnet, die für den Austausch der vier Grundkräfte verantwortlich sind (die Bezeichnung Bosonen kommt von dem Namen des indischen Physikers Satyendranath Bose). Die vier Grundkräfte werden wir im nächsten Abschnitt besprechen. Auf die Bosonen selbst wollen wir nur sehr oberflächlich eingehen. Über das hypothetische Graviton und das Higgs-Teilchen haben wir eingangs schon gesprochen. Das Photon als Überbringer der elektromagnetischen Wechselwirkung ist ohne Masse und hat als Ausbreitungsgeschwindigkeit die Lichtgeschwindigkeit. Diese Eigenschaften sind für das Verständnis der im vorliegenden Zusammenhang relevanten Sachverhalte ausreichend. Auch für die noch verbleibenden Austauschteilchen beschränken wir uns auf diese Eigenschaften. So sind die Gluonen als Überbringer der starken Wechselwirkung ebenfalls masselos und breiten sich wie die Photonen mit Lichtgeschwindigkeit aus. Die Austauschteilchen der schwachen Kernkraft, die Teilchen W^+, W^- und das Z^0-Teilchen hingegen verfügen über eine positive Ruhemasse und bewegen sich unterhalb der Lichtgeschwindigkeit. Die Bosonen tragen einen ganzzahligen Spin.

Baryonen

Baryonen (aus dem Griechischen von barys = schwer) sind zusammengesetzte Teilchen. Sie bestehen aus drei Quarks und tragen damit einen halbzahligen Spin. Zu den Baryonen zählen insbesondere die aus Quarks der ersten Generation (Up- und Down-Quarks) zusammengesetzten Nukleonen (Protonen und Neutronen). Baryonen unterliegen der starken und schwachen Kernkraft, der Gravitation und, wenn sie geladen sind, auch der elektromagnetischen Kraft, also allen vier Grundkräften der Natur (siehe dazu weiter unten). Das einzige stabile freie Baryon ist das Proton. Das Neutron hingegen zerfällt, wenn es nicht in einem Atomkern mit anderen Protonen und Neutronen gebunden ist. Baryonen unterliegen dem so genannten paulischen Ausschließungsprinzip (siehe weiter unten).

Die Gesamtzahl der Baryonen in einem System minus die Anzahl der Antibaryonen in dem System ist eine Erhaltungsgröße. Man ordnet deshalb jedem Baryon die Baryonenzahl +1 und jedem Antibaryon die Baryonenzahl -1 zu, entsprechend den Quarks +1/3 und den Antiquarks -1/3. Die Baryonenzahl ist eine so genannte additive Quantenzahl. Die Baryonenzahl eines Systems von Teilchen ergibt sich durch Addition der Baryonenzahlen der Konstituenten. Bemerkenswert ist, dass in Theorien, die über das Standardmodell der Elementarteilchenphysik hinausgehen, die Baryonenzahl nicht immer erhalten bleibt. Die Verletzung der Baryonenerhaltung muss dann aber ein extrem seltenes Ereignis sein, damit diese Theorien nicht zur Beobachtung in Widerspruch geraten. Die mittlere Lebensdauer des Protons gehört zum Beispiel dazu. Für diese werden von diesen Theorien mindestens $2,1 \cdot 10^{29}$ Jahre vorhergesagt. Nach der Teilchentheorie ist die Baryonenzahl eine exakte Erhaltungsgröße. Die Baryonenzahl des leichtesten Baryons, nämlich die des Protons ist +10. Daraus resultiert unter anderem, dass das Proton stabil ist und nicht zerfällt.

Ein weiterer wichtiger Aspekt ist die sogenannte Baryogenese. Darunter versteht man die Entstehung des Ungleichgewichts von Materie und Antimaterie im frühen Universum (siehe weiter unten). Auch dieser Prozess verträgt sich nicht mit der Baryonenzahl als Erhaltungsgröße.

Fermionen

Fermionen sind Teilchen, die einen halbzahligen Spin tragen. Dazu zählen die Quarks und Leptonen als Elementarteilchen und unter anderem alle aus einer ungeraden Zahl von Quarks zusammengesetzten Teilchen, wie beispielsweise die Baryonen, also auch das Proton und das Neutron.

Die Fermionen erfüllen das paulische Ausschließungsprinzip, das besagt, dass zwei Fermionen am gleichen Ort niemals den gleichen Quantenzustand annehmen können. Beziehen man diese Aussage auf das Elektron, das zu den Leptonen zählt und damit ein Fermion ist, so bedeutet das, dass in einem Atom niemals alle Elektronen in den gleichen Grundzustand fallen können. Erst durch dieses Prinzip ergibt sich der systematische Aufbau des Periodensystems der chemischen Elemente.

Mesonen

Mesonen sind Teilchen, die aus einem Quark und einem Antiquark zusammengesetzt sind. Sie tragen einen ganzzahligen Spin und unterliegen der starken Kernkraft. Die Mesonen zählen zu den im Allgemeinen (außerhalb der Wissenschaft) weniger bekannten Teilchen. Es sind aber immerhin 104 Mesonen bekannt und für weitere 54 gibt es Indikationen. Die Pionen zum Beispiel zählen zu den Mesonen.

Hadronen

Hadronen sind alle Teilchen mit halbzahligem und ganzzahligem Spin, also Fermionen mit einem halbzahligen Spin und damit Baryonen und Antibaryonen sowie Bosonen mit ganzzahligem Spin und dazu zählen die Mesonen. Die Hadronen unterliegen der starken Kernkraft. Sie sind bis auf das Proton instabil.

Wir stellen abschließend die Zusammenhänge in der folgenden Tabelle C2 dar.

Hadronen	
Fermionen halbzahliger Spin	**Bosonen** ganzzahliger Spin
Baryonen bestehend aus 3 Quarks **Antibaryonen** bestehend aus 3 Antiquarks	**Mesonen** bestehend aus 1 Quark und 1 Antiquark

Tabelle C2: Die Teilchenfamilie der Hadronen

D   Die vier Grundkräfte der Natur

Wir schicken voraus, dass die Physik in dem vorliegenden Zusammenhang eher von Wechselwirkung als von Kraft spricht. Dieser für den Laien zunächst eher weniger verständliche Begriff steht für alle Prozesse, die mit der jeweiligen „Kraft" assoziiert sind. Dazu zählen zum Beispiel Zerfallsprozesse (Zerfall von Teilchen), Produktionsprozesse (Produktion von Teilchen) sowie schließlich auch die abstoßende oder anziehende Kraft zwischen Teilchen. Wir besprechen die Kräfte in abnehmender Stärke, beginnen also mit der starken Wechselwirkung.

Die starke Wechselwirkung (auch starke Kernkraft)

Die starke Wechselwirkung wirkt über eine Reichweite von etwa 10^{-13} cm. Dies entspricht in etwa dem Durchmesser eines Atomkerns. Die starke Wechselwirkung ist zuständig für die Bindung der Quarks in Protonen und Neutronen und damit auch für den Zusammenhalt der Atomkerne. Die Träger der starken Kernkraft sind die Gluonen (siehe auch Standardmodell der Elementarteilchenphysik). Die Kraft der Wechselwirkung zwischen den Quarks in einem Proton oder Neutron ist asymptotisch frei, das bedeutet, dass sie mit zunehmender Energie der Teilchen abnimmt. Die starke Wechselwirkung wirkt nur auf Hadronen, also auf Fermionen und damit Baryonen und Antibaryonen sowie auf Bosonen und damit auf Mesonen, insbesondere also auch auf die bekanntesten Baryonen, die Protonen und Neutronen. Auf Leptonen, wozu das Elektron zählt, hat die starke Kernkraft keine Wirkung. Die starke Wechselwirkung erklärt das erstaunliche Phänomen, dass Atomkerne, die ja aus mehreren positiv geladenen Protonen bestehen können, stabil sind und nicht einfach auseinanderfliegen. Die starke Kernkraft muss daraus resultierend deutlich stärker sein als die elektromagnetische Kraft, die positiv geladene Teilchen auseinander treibt. Die starke Wechselwirkung wird durch den Austausch von Gluonen übertragen. Gluonen wechselwirken aber selbst mit der starken Kernkraft und tauschen somit untereinander Gluonen aus. Der Gluonenaustausch wird dadurch zu einem sehr komplexen Prozess, der die Berechnung der starken Kernkraft relativ schwierig macht.

Bei entsprechend hoher Energie ist die starke Wechselwirkung in der Lage, Paare von Quarks und Antiquarks zu erzeugen.

Die elektromagnetische Wechselwirkung

Der Elektromagnetismus umfasst die Elektrizität und den Magnetismus. Beide Phänomene sind untrennbar miteinander verbunden. Ein sich veränderndes Magnetfeld erzeugt ein elektrisches Feld und umgekehrt ein sich veränderndes elektrisches Feld ein magnetisches. Eine elektromagnetische Welle ist eine Welle aus elektrischen und magnetischen Feldern, die sich mit Lichtgeschwindigkeit fortbewegen. So ist das Licht selbst eine elektromagnetische Welle. Die elektromagnetische Wechselwirkung ist zuständig für die Bindung von Elektronen an einen Atomkern. Sie ist damit verantwortlich für die Struktur der gesamten Materie. Die Austauschteilchen der elektromagnetischen Wechselwirkung sind die Photonen.

Die schwache Wechselwirkung (auch schwache Kernkraft)

Die schwache Wechselwirkung hat eine Reichweite von etwa einem Hundertstel des Durchmessers eines Atomkerns. Die schwache Kernkraft ist zum Beispiel verantwortlich für den Zerfall von Atomkernen und wurde auch in diesem Zusammenhang das erste Mal entdeckt. Die Austauschteilchen heißen W- und Z-Bosonen. Die schwache Wechselwirkung ist für Kernzerfälle wie beispielsweise den Beta-Zerfall und den Zerfall freier Neutronen verantwortlich. Die schwache Wechselwirkung zeichnet sich unter den vier Grundkräften durch Alleinstellungsmerkmale aus. So ist sie zum Beispiel als einzige Kraft dazu in der Lage, verschiedene Quarks und Leptonen ineinander umzuwandeln, zum Beispiel ein Down- in ein Up-Quark beim Beta-Zerfall. Außerdem differenziert die schwache Wechselwirkung zwischen Teilchen und Antiteilchen und sie kann Quark-Antiquark und Lepton-Antilepton-Paare erzeugen und vernichten.

Die Gravitation (auch Schwerkraft)

Die Gravitation ist die schwächste der vier Grundkräfte. Diese Aussage ist zunächst verblüffend, wenn man beispielsweise daran denkt, dass es die Schwerkraft ist, die die Erde auf ihrer Bahn um die Sonne hält. Das liegt aber daran, dass die Schwerkraft eine große Reichweite besitzt und ausschließlich anziehend wirkt, sodass jedes Atom der Sonne jedes Atom der Erde und jedes Atom der Erde jedes Atom der Sonne anzieht. Bewegt man sich hingegen in den Größenordnungen der Elementarteilchenphysik, so bleibt die Gravitation bislang ohne nachweisbare Wirkung. So ist die elektromagnetische Anziehungskraft zwischen einem Proton und einem Elektron um das ca. 10^{39}-Fache stärker als die Gravitation zwischen diesen Teilchen.

Die Quantentheorie der Gravitation verlangt ein Boson für den Austausch der Schwerkraft. Wir haben weiter oben bereits erwähnt, dass der Nachweis seiner Existenz bislang erfolglos.

E   Die großen vereinheitlichten Theorien

Als große vereinheitlichte Theorie (im Englischen grand unification theory, abgekürzt GUT) bezeichnet man eine Theorie, die die drei Grundkräfte starke und schwache Kernkraft und elektromagnetische Kraft in dem Sinne vereinheitlicht, dass sie als eine Kraft beschrieben werden können, die sich in Folge der Abkühlung des Universums in die heute existenten Naturkräfte aufgespalten hat. Aufgrund des extremen Ungleichgewichts zwischen der starken Kernkraft einerseits und der schwachen Kernkraft sowie der elektromagnetischen Kraft andererseits muss als Voraussetzung die starke Kernkraft mit zunehmender Energie abnehmen und die beiden anderen Kräfte zunehmen. Das ist eine Eigenschaft, die wir bei der Beschreibung der starken Wechselwirkung kennengelernt haben und die asymptotische Freiheit genannt wird. Schwache Wechselwirkung und elektromagnetische Wechselwirkung sind beide nicht asymptotisch frei, sie nehmen nämlich mit Zunahme der Energie zu. Bei einer bestimmten Energie sind die drei Kräfte gleich und manifestieren sich in einer einzigen Kraft. Die Energie, für die diese Vereinheitlichung vorhergesagt wird, liegt im Minimum bei 10^{24} eV. Es wird von der Theorie weiter vorhergesagt, dass sich bei diesen Energien alle Teilchen mit halbzahligem Spin im Wesentlichen nicht mehr unterscheiden. So sind zum Beispiel Quarks und Elektronen bei diesen Energien identische Teilchen.

Aus heutiger Sicht ist die experimentelle Erzeugung dieser Energien mit Beschleunigern nicht denkbar, sodass der experimentelle Nachweis der Gültigkeit dieser Theorien kaum möglich sein dürfte. Allerdings sagen alle diese Theorien den Zerfall des Protons voraus, sodass auf diesem Weg der Nachweis einer einzigen Urkraft, die zumindest die genannten drei Kräfte in sich vereinigt, möglich erscheint.

Zur vollständigen Beschreibung der Natur der Materie müsste die Vereinheitlichung auch die Gravitation einbeziehen. Eine solche Theorie, die die Quantentheorie und die Gravitationstheorie vereint (Quantengravitation), wird als „theorie of everything", abgekürzt TOE, bezeichnet. Kandidaten sind die Stringtheorie bzw. die Vereinheitlichung der zurzeit existenten fünf Stringtheorie-Approximationen, die sogenannte M-

Theorie und die Loop-Quantengravitation. Wir stellen die Schritte zur großen Vereinheitlichung grafisch dar (siehe Tabelle E.1).

Elektrostatik	Magnetostatik	schwache WW	starke WW	Schwer-kraft
elektromagnetische WW				
QED 1)			QCD 2)	ART
elektroschwache WW				
große vereinheitlichte Theorie				
TOE				

1) Quantenelektrodynamik 2) Quantenchromodynamik

Tabelle E.1: Die Schritte zur Vereinheitlichung der Grundkräfte

LITERATURVERZEICHNIS

1: Becker, Klaus: Das expanierende Universum, Eine mathematische Reise durch die Zeit, Pro BUSINESS Verlag, Berlin 2011, ISBN 978-3-86805-870-3

2: Becker, Klaus: Das sichtbare Universum, Beobachtungen im expandierenden Universum, BoD-Verlag, Norderstedt 2014, ISBN 978-3-7322-9652-1

3: Becker, Klaus: Das ungebremste Universum, Über das Standardmodell der Kosmologie, BoD-Verlag, Norderstedt 2014, ISBN 978-3-7322-9847-2

4: Goeke, Klaus: Einführung in die Kosmologie, Vorlesung SS 2005; Ruhr-Universität Bochum, Bochum 2005

5: Greene, Brian: Der Stoff, aus dem der Kosmos ist, Raum, Zeit und die Beschaffenheit der Wirklichkeit, Pantheon Verlag, München 2006, ISBN 3-570-550002-8

6: Guth, Alan: Die Geburt des Kosmos aus dem Nichts Die Theorie des inflationären Universums; Droemersche Verlagsanstalt Th. Knaur Nachf., München 2002, ISBN 3-426-77610-3

7: Harrison, Edward: Cosmology The science of the Universe, 2. Edition, Cambridge University Press, Cambridge 1981, 2000, ISBN 0-521-66148

8: Hawking, Stephen W.: Eine kurze Geschichte der Zeit Die Suche nach der Urkraft des Universums; Rowohlt Verlag GmbH, Reinbeck bei Hamburg 1988, ISBN 3-498-028847

9: Hawking, Stephen W.: Der Große Entwurf Eine neue Erklärung des Universums; Rowohlt Verlag GmbH, Reinbeck bei Hamburg 2010, ISBN 978-3-498-02991-3

10: Kippenhahn, Rudolf: Kosmologie für die Westentasche; Piper Verlag GmbH, München 2003, ISBN 3-492-04497-2

11: Liddle, Andrew: Einführung in die moderne Kosmologie; WILEY-VCH Verlag GmbH, Weinheim 2009, ISBN 978-3-527-40882-5

12: Livio, Mario: Das beschleunigte Universum, Die Expansion des Alls und die Schönheit der Wissenschaft; Franckh-Kosmos Verlags-GmbH, Stuttgart 2001, ISBN 3-440-08886-3

13: Magueijo, Joao: Schneller als die Lichtgeschwindigkeit, Entwurf einer neuen Kosmologie; C. Bertelsmann Verlag, München 2003, ISBN 3-570-00580-1

14: Plionis Manolis:

nedwww.ipac.caltech.edu/level5/March02/Plionis/Plionis1_1.htlm

15: Reiter, Gaby: Standardmodell der Kosmologie Urknall und Entwicklung des Universums; Hauptseminar: Dunkle Materie in Teilchen- und Teilchenastrophysik, SS 2005, LMU

16: Schneider, Peter: Einführung in die extragalaktische Astronomie und Kosmologie; Springer Verlag, Berlin Heidelberg 2006, ISBN 3-540-25832-2

17: Vaas, Rüdiger: Hawkings neues Universum, Wie es zum Urknall kam, Franckh-Kosmos Verlags GmbH & Co. KG, Stuttgart 2010, ISBN 978-3-440-12726-1

18: WolframAlpha, www.wolframalpha.com

19: www.wikipedia.de (Planck-Einheiten)

www.ingramcontent.com/pod-product-compliance
Lightning Source LLC
Chambersburg PA
CBHW050058230526
45470CB00004B/1579